国际信息工程先进技术译丛

U0337114

移动云计算：无线、移动及社交网络中分布式资源的开发利用

（丹麦）Frank H. P. Fitzek

（芬兰）Marcos D. Katz 编著

郎为民 等译

机械工业出版社

本书紧紧围绕移动云计算发展过程中的热点问题，以移动云计算支撑技术与关键应用为核心，比较全面和系统地介绍了移动云计算技术的基本原理和应用实践的最新成果。本书共分为 6 个部分。第 1 部分为移动云的简介与背景知识，从介绍手机、移动连接和网络演进入手，讨论了移动云的定义、协作与认知类型及方法，并分析了移动云中的设备资源共享方法；第 2 部分为移动云的支撑技术，分析并研究了无线通信技术、移动云的网络编码、移动云的形成和维护等技术的工作原理；第 3 部分为移动云的社会问题，重点分析了移动云的协作与社交问题；第 4 部分为绿色移动云，描述了绿色移动云对移动设备节能的贡献；第 5 部分为移动云的应用，列举了移动云的应用领域与场景；第 6 部分为移动云展望和结论，对移动云的发展趋势进行了展望，并对潜在的新应用进行了分析。

　　本书可作为从事移动互联网、云计算、大数据研究的移动运营商、网络运营商、应用开发人员、技术经理和电信管理人员的技术参考书或培训教材，也可作为高等院校通信与信息系统、计算机等相关专业高年级本科生或研究生教材。

译 者 序

移动云计算是指通过移动网络以按需、易扩展的方式获得所需的基础设施、平台、软件（或应用）等的一种IT资源或（信息）服务的交付与使用模式。移动云计算是云计算技术在移动互联网中的应用。其优势集中表现在：突破终端硬件限制；便捷的数据存取；智能均衡负载；降低管理成本；按需服务降低成本。

2013年12月4日下午，我国工业和信息化部正式向三大运营商发布了4G牌照，中国移动、中国电信和中国联通均获得TD-LTE牌照。4G牌照是无线通信与国际互联网等多媒体通信结合的第4代移动通信技术的经营许可权，4G牌照的发放，标志着移动互联网在中国的发展进入了快车道，运营商部署移动互联网相关工作的脚步也将因此而加快。同时，利用移动云计算的各种无线互联网服务也将深入到人们生活之中。

对于整个电信业及移动互联网行业来说，4G牌照发放之后，各项投资都将因此加快。移动互联网领域也有可能因为4G牌照的发放而催生新一轮创业潮，诸如高清视频会议、移动网络游戏、3D导航等适用于大宽带移动网络下的应用也将会成为现实。

云计算技术在电信行业的应用必然会开创移动互联网新时代，随着移动云计算的进一步发展，移动互联网相关设备的进一步成熟和完善，移动云计算业务必将会在世界范围内迅速发展，成为移动互联网服务的新热点，并使得移动互联网站在云端之上。

在这种背景下，为促进我国移动云计算技术的发展和演进，在国家自然科学基金项目"节能无线认知传感器网络协同频谱感知安全研究（编号：61100240）"和国防信息学院预先研究项目资金的支持下，结合自己多年来在移动通信和云计算技术领域的研究成果和经验，笔者特翻译此外文原著，以期抛砖引玉，为我国移动云计算技术的发展尽一份微薄之力。

本书共分为6个部分，共11章。第1部分为移动云的简介与背景知识（第1、2、3章），内容分别为动机、移动云简介和移动云中的设备资源共享；第2部分为移动云的支撑技术（第4、5、6章），内容分别为无线通信技术、移动云的网络编码以及移动云的形成和维护；第3部分为移动云的社会问题（第7、8章），内容分别为自然界的协作原则和社交移动云；第4部分为绿色移动云（第9章），对能够使移动设备更节能的绿色移动云进行了介绍；第5部分为移动云的应用（第10章），列举了移动云的应用领域与场景；第6部分为移动云展望和结论（第11章），对移动云的发展趋势进行了展望，并对潜在的新应用进行了分析。

本书主要由郎为民翻译，解放军国防信息学院的陈凯、张国峰、张晨、陈红、毛炳文、刘素清、邹祥福、瞿连政、徐延军、张锋军、余亮琴、张丽红、王大鹏、王昊、夏白桦、陈虎、陈于平也参与了本书部分章节的翻译工作，和湘、朱元诚、高泳洪、周莉、蔡理金、王会涛绘制了本书的全部图表，李建军、靳焰、王逢东、孙月光、孙少兰、马同兵对本书的初稿进行了审校，并更正了不少错误，在此一并向他们表示衷心的感谢。同时，本书是译者在尽量忠实于原书的基础上翻译而成的，书中的意见和观点并不代表译者本人及所在单位的意见和观点。

由于移动云计算技术还在不断完善和深化发展之中，新的标准和应用也在不断涌现，加之译者水平有限，翻译时间仓促，因而本书翻译中的错漏之处在所难免，恳请各位专家和读者不吝指出。

谨以此书献给我聪明漂亮、温柔贤惠的老婆焦巧，活泼可爱、机灵过人的宝贝郎子程！

郎为民

原　书　序

　　近年来，移动通信技术对社会的渗透是非常显著的，它为全世界人们提供了始终可用的连接，并拥有数不清的优点和功能。本书与移动云有关，对所有这些内容进行了科学的安排。对于工程师、研究人员和学生来说，本书是定位于简单入门级水平来编写的，并以简洁和清晰的描述，让读者全面理解关键问题、基本解决方案、这些解决方案的优势、该领域的发展方向及其影响。这是对移动云这个新兴世界的一次高度可读、直观的展示方式。

　　移动云发展的轨迹已经成为无线通信的分支之一，而无线通信导致了移动电话的出现，且正演变为始终可用的语音和数据访问。这些技术的巨大成功对新用户、新应用和新服务的持续增长和部署形成了重重压力。作为响应，正如本书所解释的那样，对资源共享的需求日益增长，且同时提高频谱使用效率和降低能耗的需求也越来越强烈。这些改进的种子来自于移动接入早期历史中的两大并行发展，二者都始于20世纪70年代初期。一大发展是公众非常熟悉的，即移动语音接入的出现，它导致了网络运营商采用集中式点对点架构，能够直接与移动设备进行通信。这使人们认识到，改进的频谱效率和能量效率将导致较小蜂窝站点的引入，而公众不太熟悉的其他发展，是对多跳网状网通信的分布式体系结构的研究。在该架构中，每个节点成为我们现在所说的移动云的一部分。分布式/集中式混合架构具有很好的发展前景，它充分利用了两种架构的优点。在这种架构中，网络编码技术起到了重要的作用，为忠于其形式，作者专门使用了一整章的篇幅，对这一重要主题进行了清晰和直观的描述。

　　为完善这项工作，移动云应用重点关注社交网络中的各种协作形式，这些网络成为移动云增长的重要推动力。当我们转到移动云的未来时，我们接着介绍了由机器对机器通信导致的流量增长，以及物联网的巨大发展。我们已经进入了一个新时代，在这一时代中，除了用于构成互联网的智能软件代理之外，物联网的嵌入式设备产生的上网流量比人产生的上网流量还要多。当我们快步进入未来时，需要理解和欣赏移动云的出现和作用，这是至关重要的，也是本书的意义所在。

伦纳德·克莱瑞克

特聘教授，加州大学洛杉矶分校计算机科学系

加利福尼亚州洛杉矶市博尔特厅第3732G号，邮政编码90095

原书前言

1. 将移动云放入情境之中

无线网络通信和移动通信迅速发展，今天能够为数量连续攀升的移动用户提供高速连接和高级服务。目前，全球移动用户数超过了 70 亿，ITU (International Telecommunications Union，国际电信联盟) 预测，到 2014 年，普及率将超过 100%。从本世纪之交以来，无线和移动通信系统的发展越来越快，特别是在接入网、移动设备和服务方面。移动网络的主要设计目标是提高数据吞吐量和能效。经过几代技术的发展，蜂窝网络已经顺利实现了上述目标。

当前的蜂窝网络建立的数据连接速率在 10 年前是不可想象的，且在很多情况下，无线和移动数据速率堪比今天有线网络所提供的数据速率。目前，通信领域的两大趋势正在对当前的移动和无线通信技术产生新需求和新挑战。它们分别是社交网络的飞速发展，以及机器对机器 (Machine to Machine，M2M) 和物联网 (Internet of Things，IoT) 技术的出现。

人们进行通信和社交的模式已经发生改变，并在持续不断发展，这主要是由互联网推动和支持的。目前，无处不在的连接已经成为现实，人们可以相互连接、访问信息和分发信息，无论他们身在何处。基于技术的社交网络的出现，也进一步改变了人们的生活和交往方式。互联网是任何规模 (局部或全局) 的社交网络的支撑平台。今天，社交组网越来越多地发生在移动设备上，因而无线与移动通信网络的作用变得更加重要。未来，社交网络和移动网络之间的相互影响将会推动分享型经济的发展。

社会交往不仅涉及个人 (个人对个人) 链路的生成，而且涉及建立一对多和多对多的连接。除了用户控制的移动设备之外，机器和最终的物体将成为通信网络的节点，将潜在互连的节点数目迅速提高了几个数量级。据预测，在本世纪的第三个十年，地球上将存在数万亿个通信支持节点。当前的通信网络无法得到有效的扩展，以支持未来的大型网络。当前网络解决方案的频谱效率和能源效率早已成为发展路径中的重大障碍。众所周知，分配给移动通信的频段非常有限，且成本昂贵。提供高数据速率，以支持丰富内容的无线传输会迅速增加带宽需求。同时，当将这些需求映射到节点库的预期增长时，结果不言自明：需要在链路层和网络层大大提高未来网络的频谱效率。

能效是未来通信中另一个非常严峻的挑战，我们通常称之为绿色通信[1]。在基础设施方面，为移动用户提供接入服务所需的能源数量非常之高。在电力成本方面，单一网络运营商为一个中等规模的城市提供网络接入服务，每年将轻易花费数百万欧元。当将这些数字扩大到全国或全球范围时，经济和环境的影响肯定是相当显著的。在通信价值链的另一端，移动设备的能效也是用户每天都要面对的一个重要因素，这对移动设备制造商具有非常重要的意义。对于挑剔的用户来说，便携式设备的长期运行是一种非常理想的能力；对于移动设备制造商来说，这是一项关键的、有竞争力的功能。目前，访问无线通信系统不再受覆盖范围的限制，但受制于移动设备的运行时间。我们已经在文献［2］中预测了这一发展趋势。

综上所述，人们之间的社会交往日益丰富以及机器通信的出现而导致的关键挑战之一是通信网络资源使用的爆炸式增长。通信网络面临的另一大挑战是提供低时延端到端服务。诸如视频通话等实时服务对所涉及的通信时延提出了严格要求。基于机器通信的应用进一步提升了需求门槛，要求的时延更短[3]。当前的时延指标在几百毫秒的范围内，未来有望降低一个或两个数量级。用于应对上述挑战的解决方案能够在不同层次上得到发展。简单的方法涉及开发复杂的空中接口，有些看似不值一提但极具挑战性的方法已经在几代移动通信技术的发展中得到了利用。网络层的结构变化会对网络信息流动的方式产生了深远影响，并可因此确定网络资源如何使用，且最终对所涉及的时延产生影响。

移动网络架构自推出以来，已基本保持不变，这种集中式接入方法已被证明能够正常工作，并且成为今天移动网络的基础。但是显而易见，它无法高效使用可用的无线电资源。近年来，蜂窝架构的扩展方案已经投入使用，其中包括诸如中继（多跳）技术等协作方法。此外，设备到设备（D2D）的概念最近已经为人们所接受，并成为当前LTE-A（Long Term Evolution-Advanced，高级长期演进）标准化进程中广为接受的研究方法。另外，无线网络都利用刚性较差的接入拓扑，通过设计直接对等链路以及指向接入点的集中式连接的建立过程来提供支持。本书中介绍和研究的移动云，通过创建一种集中式-分布式混合接入架构，在移动通信网络和无线通信网络之间架起了一座桥梁。移动云混合拓扑的目标之一是充分利用移动通信网络和无线通信网络两个世界的优势，一方面，是广域接入和简单的集中式管理方法；另一方面，是本地网络的灵活、快速接入。主要发展趋势之一是近年来云服务的出现。

云解决方案既可以在地理上分散的云节点上实现，又可以在基于集总方法来实现（如集中在单一功能强大的节点上）。在任何情况下，无论用户（固定用户或移动用户）身在何处，都可以访问云。这种模型作用发挥得非常好，但如果将移动用户考虑在内，则实用解决方案（如接入网络）需要使用相当多的无线资源。与社交网络中的情形类似，资源使用效率低下的问题越突出，涉及的移动节点就越多。提供云服务的平台深入骨干网内部，而远离接入网。除了能源和频谱的过度消耗之外，访问远程云必然意味着相关时延过长。移动用户越接近云，则无线接入服务效率越高。除了上述常规云之外，有必要拥有更接近用户的基于云的操作。在支持设备到设备交互的发展过程和5G网络关键能力的构建中，这种发展趋势已经十分明显。本书专门对移动云的概念进行了介绍和讨论。

2. 移动云

正如我们将在后面所定义的，移动云是一种动态连接节点机会式共享资源的协作式配置，可以将移动网络技术和无线网络技术机会地进行组合，以实现一系列可能的目标。可以将移动云看做更贴近用户自身提供云服务的一个演进步骤。事实上，用户可以成为重要的"角色"，因为他们的设备已成为移动云的节点。移动云在三个主要领域提供了独特和有吸引力的优势，即性能、资源效率和资源开发。移动云具有改善关键链路和网络性能指标的潜力，包括所支持的数据吞吐量、时延、可靠性、安全性以及容量和覆盖范围。移动云也能提供频谱效率和能效较高的实用解决方案。特别是移动云对移动设备能耗的影响是非常显著的，基站或接入点的作用重大，我们可以将移动云视为未来绿色网络的支撑技术之一。移动云的最令人兴奋的应用之一是充当驻留在云中分布式资源的共享平台。可以将移动云作为一种灵活高效的信息交换平台，采取多种方式，来实现大量资源（物理资源或无形资源）的共享。

本书支持将移动云作为未来即将推出的移动通信平台，以实现对网络运营商和移动设备之间众所周知的点对点连接的扩展。我们的世界级水准的同事在文献 [2，4] 中对这一发展的部分内容进行了介绍，我们在书中重点介绍了最新发展情况和未来发展趋势。

3. 本书的目标

本书旨在激励读者充分认识到移动云在实现我们当前和未来的移动和无线世界中所需或新出现的大量可能的解决方案中的应用潜力。鉴于移动云本身是一个相对较新的概念，目前还没有一本完整介绍移动云技术的图书。本书的目标是为对未来无线和移动组网解决方案感兴趣的研究人员、开发工程师和学生，提供一种灵感来源。基于上述目标，本书对移动云及其应用进行了描述，并介绍和讨论了诸多鼓舞人心的实例。在某些情况下，我们提出了精确的分析模型并进行了解释，也通过数值结果说明了可实现收益的具体指标。同时，作者还提供了移动云试验台的一些实用信息，用于说明这一概念的实用性。

4. 本书的结构

本书分为 6 个部分，共 11 章。对于初涉移动云领域的新手来说，我们建议他们依次阅读本书的各个章节。有经验的读者可以直接进入对他来说更为重要的章节。每章之间相互独立，在内容上会有少许不可避免的重叠。

● 第 1 部分包括 3 章。第 1 章描述了无线和移动环境；第 2 章介绍了移动云概念，给出了若干种定义；第 3 章确定了移动设备上的可共享资源，并列举了几个实例。

● 第 2 部分涉及移动云的支撑技术。第 4 章列举了当前用于构建移动云的无线技术及其能力；第 5 章介绍了网络编码，对于在资源使用率较低的情况下支持灵活设计的移动云来说，这是一项关键技术；第6章描述了移动云的形成和维护。

● 第3部分包括7、8两章，解释了自然界的协作原则和社交移动云的概念。在本书中，我们设想移动云可由那些确信移动云中的协作会使所有参与者从中受益的个人来构建。

● 第4部分重点关注移动云的绿色通信问题，作者针对不同应用场景，从理论角度说明了移动云的潜在节能收益。

● 第5部分介绍和讨论了移动云的应用。作者主要从移动应用的角度，描述了业界正在进行的活动。

● 最后，第6部分讨论了移动云的发展前景，并给出了结论。

Frank H. P. Fitzek

丹麦奥尔堡大学

Marcos D. Katz

芬兰奥卢大学

参 考 文 献

[1] H. Zhang, A. Gladisch, M. Pickavet, Z. Tao, and W. Mohr. Energy efficiency in communications. *IEEE Communications Magazine*, 48(11):48–49, 2010.

[2] F.H.P. Fitzek and M. Katz, editors. *Cooperation in Wireless Networks: Principles and Applications–Real Egoistic Behavior is to Cooperate!* ISBN 1-4020-4710-X. Springer, April 2006.

[3] G. Fettweis. A 5G Wireless Communications Vision. *Microwave Journal*, December 2012.

[4] F.H.P. Fitzek and M. Katz, editors. *Cognitive Wireless Networks: Concepts, Methodologies and Visions Inspiring the Age of Enlightenment of Wireless Communications.* ISBN 978-1-4020-5978-0. Springer, July 2007.

目　　录

第2部分　移动云的支撑技术

第 5 部分　移动云的应用

第 6 部分　移动云展望和结论

第 1 部分

移动云的简介与背景知识

第 1 章 动 机

发明早已达到极限，我看不到进一步发展的希望。
——朱利叶斯·塞克图斯-弗朗蒂努斯， 备受推崇的古罗马工程师， 公元 1 世纪

本章可看作是本书主题——移动云的精彩引言。本章从移动设备和通信网络的角度，简要介绍了移动和无线通信技术的演进情况。可以将移动云看做移动和无线通信技术演进和融合的结果。本章将初步揭示移动云概念的形成和发展历程。

1.1 引言

在过去几十年中，不受限制的通信发展迅速，在当前的"超级连接世界"中无所不在，并成为超级连接世界的基础。通信对我们生活的影响如此之深，以至于很难想象，假如没有无线通信技术带来的信息和社会连接、自由以及灵活性，我们的生活将会有多艰难。在引言部分，我们从网络和移动设备的角度，简要讨论无线通信迄今为止的演进发展。在介绍移动云之前，该综述将提供一些有用的、精彩的背景信息。不受限制的通信存在两条演进路径：一条演进路径是广域通信的发展，另一条演进路径是短距离通信的发展。鉴于通常情况下，移动通信和无线通信分别为广域和短距离技术所采用的术语这一事实，可以将前者命名为移动路径，将后者命名为无线路径。作为广域通信的第一个实例，无线电广播在 20 世纪初开始发展。第一次世界大战和第二次世界大战为雷达和通信技术的发展提供了巨大的推动力。固态元件的进一步发展导致了小型化，使复杂系统的实现成为可能，并最终迎来了真正的便携式通信设备时代。第一个城市移动通信系统最早部署于 20 世纪 40 年代末期。最初，采用单个强大基站和超高天线来为半径约为 50km 的区域提供接入服务。那时候，可用频谱的稀缺已经成为一个问题，贝尔实验室提出了一种新理念，即采用多个小服务区来实现大区域覆盖。经过后来几十年的发展，终于在 20 世纪 70 年代引入了公众和私人使用的基础蜂窝系统。这些开拓性工作大多发生在美国，但在接下来的几十年中，欧洲和日本也都开发出了自己的商用蜂窝系统。基于较小覆盖区域（或蜂窝）的频率复用，蜂窝概念能够为全市范围内广大用户提供服务支持。从 20 世纪 80 年代至今，人们已经开发出四代蜂窝系统，如 2G（Second Generation，第二代移动通信系统）、3G（Third Generation，第三代移动通信系统）以及最近推出的与 2G、3G 并存的 4G（Fourth Generation，第四代移动通信系统）。支持更高数据速率和网络容量的需求导致蜂窝尺寸逐渐减小，通常宏蜂窝覆盖范围

为几十千米，微蜂窝覆盖范围为几百米到几千米，皮蜂窝覆盖范围为几米到几百米。当然，蜂窝的大小还与移动性有关，大蜂窝支持高移动性，以满足向相邻蜂窝频繁切换的需求。实践证明，对于大多数应用和诸多实践场景来说，如果不是绝对必要，在短距离内提供不受限制的连接也是至关重要的。在过去的 20 年中，人们开发出了一大批针对短距离通信的通信技术，以满足与计算机、家用和办公设备以及其他便携式、可移动或固定设备建立本地无线连接的需求。这种并行发展（即上述的无线路径）催生了一系列折衷的、覆盖范围从几毫米到几百米的通信技术。短距离通信实例包括无线局域网（Wireless Local Area Network，WLAN）、无线个域网（Wireless Personal Area Network，WPAN）、无线体域网（Wireless Body Area Network，WBAN）、无线传感器网络（Wireless Sensor Network，WSN）、射频识别（Radio Frequency Identification，RFID）和近场通信（Near Field Communication，NFC）。除无线电通信之外，还有光通信，特别是可见光通信（Visible Light Communication，VLC）。从技术、应用和架构的角度来看，相比于发展重点为集中式覆盖蜂窝网络的广域通信，短距离通信是一个高度分散的发展领域。广域蜂窝和短距离通信领域背后的业界是截然不同的。大型电信制造商支持前者，而多样化的科技产业与拥有最大市场份额的计算机产业，则支持现有短距离通信的折衷解决方案。由于我们正在奔向一个高度集成的移动和通信时代，因而支持蜂窝和短距离通信的产业之间的界线正在变得模糊。从毫米的范围延伸到几百千米，当前的无线通信是一个技术的大集合，这些技术无处不在，并与我们的生活息息相关。图 1-1 给出了

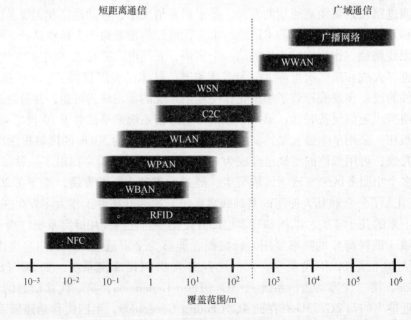

图 1-1　当前的无线和移动通信领域：覆盖范围从几毫米到几百千米

目前具有代表性的移动和通信方法，可以将其看做典型通信范围的函数。从广义上讲，短距离和广域蜂窝通信仍然是当前不受限制通信的两种主要方法。

1.2　从"大哥大"到智能手机

历史上，个人计算机（Personal Computer，PC）、互联网和移动通信是三种被采用最迅速的技术。尤其是移动通信技术的出现和深度普及，更是一件了不起的巨大成就。目前，根据参考文献［1］提供的资料，在移动通信出现 25 年后，移动和无线通信设备的全球普及率已经超过 86%。今天，我们可以将连接看做一件不可或缺的商品，甚至可以将其视为每个人的基本权利。移动设备提供无线接入，使得便携式连接在人们生活、工作和打发业余时间的大多数应用场景中成为可能。可以将移动通信的迅猛发展，视为相关业界、学术界和监管机构的全球研发尝试所取得的共同成果。可以想象，该领域的这种快速发展始终面临着一个真正的挑战。即使是最乐观的预测，也无法准确预测出移动通信的巨大增长。1997 年，业界估计，到 2010 年全球将有 10 亿到 20 亿移动用户[2,3]，而 2006 年，业界给出的估计数字是 30 亿[4]。实际情况是，2010 年的移动用户数已经超过 50 亿。从现在（2014年）开始，若干年内的全球渗透率有望达到甚至超过 100%。

这些令人印象深刻的数字只是整个故事的一部分。移动和无线通信已经从根本上改变了人们彼此沟通和访问信息的方式，且更多变化肯定会随之而来。移动通信对人们如何开展社交、工作、检索信息、做生意、自娱自乐的影响相当深刻。采用移动通信技术的全球进程非常迅速，它对个人和社会的整体影响必将是深远的，大大超出了人们的最初预期。最近 25 年移动通信的发展基本上跨越了 4 个移动技术时代，即 1G（First Generation，第一代移动通信系统）、2G、3G 和 4G。在全球范围内，这些涵盖了多种技术的时代处于共存状态，并将继续共存。目前，2G 和 3G是应用最为广泛的移动技术，而当前正在快速部署的 4G，在不久的将来，也将成为主流移动通信技术。此外，预计将在 2020 年这一时限进行商业部署的 5G 移动通信技术，目前处于开发阶段。虽然移动通信将继续影响人们的生活方式，但是如果没有短距离移动通信时代取得的突出技术成就，这种深远影响将是无法想象的。作为过去 25 年中发生的最具代表性的事件之一，移动用户见证了如下技术改进：支持的数据速率从大约 100bit/s 提高到 1Mbit/s，甚至更高；板载设备存储容量从大约 1MB 提高到 32GB，甚至更高；终端重量从大约 5kg 降低到 100g，甚至更轻；设备尺寸（体积）从 5000cm^3 下降到 50cm^3；价格从 5000 欧元下降到 50 ~ 500 欧元之间；操作时间缩短为原来的 1/10（1 ~ 10h），而全球范围内的设备总数从几百万部暴涨到当前的近 60 亿部。

通过给出移动通信设备关键能力近似的改进因子，图 1-2 归纳了移动通信设备所取得的成就。移动设备演进的另一主要成就是移动设备本身性质发生的显著变化。在很大程度上，手机时代可以表征为仅设计用于提供基本连接（语音和数据）的设备，很少或根本不提供除通信之外的其他可用板载资源。如今，随着智能手机的出现，移动用户可以享受更为先进的多功能设备，我们可以将其视为大型无线生态系统的一部分。当前的移动设备拥有大量板载资源，如功能强大的处理器、大容量存储器、数目不断增加的传感器、多个辅助空中接口、先进的成像部件（如高分辨率图像传感器和显示器）。手机的另一种相对较新但非常强大的扩展是移动应用（App）的开发，这些应用属于物美价廉的软件作品，可以方便地进行下载，并为设备带来新功能。2011 年，手机用户下载了超过 300 亿个移动应用。手机从封闭系统演进到当前的柔性开放平台。事实上，第一代手机在很大程度上是无法更改的，在工厂进行了固化编程，很少支持或根本不支持更新或扩展。如今，手机这一术语，在很大程度上并不能准确反映技术状态。对于当前高度灵活的、可编程的、可定制的无线多功能设备来说，移动设备应当是一种更具代表性的命名，其工作原理与手机相同。当然，同样引人注目但用户不易察觉的是移动通信网络经历的演进过程，在与无线设备的高性能和强大功能进行匹配时，移动通信网络是必不可少的。蜂窝网络的发展已经并将继续聚焦在增强关键性能指标（如支持的数据吞吐量、网络容量、服务质量、时延、可靠性和覆盖范围）上。

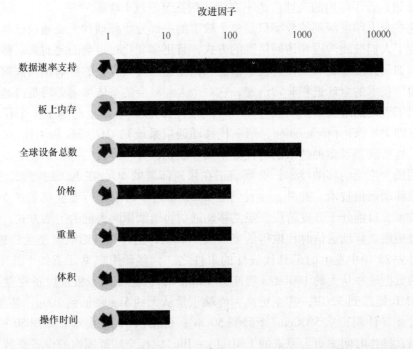

图 1-2　从"大哥大"到智能手机：过去 25 年（1985~2010）中移动设备的演进

1.3　移动连接的演进：从单一到多种空中接口设备

在本节中，我们将对用于移动通信的空中接口发展情况进行揭示。当语音通信是早期移动通信系统的唯一功能时，系统采用相对简单的空中接口，先是基于模拟设计（如 1G），然后是选择数字方法（如 2G 及后续移动通信系统）。数字通信的引入支持数据的天然传输，最早是从短消息服务（Short Message Service，SMS）开始的。通常情况下，移动设备拥有单一空中接口，通过蜂窝接入只提供连接。这种简单的初始做法目前仍在广泛使用，特别是在低成本的设备制造部门。这种相对简单的空中接口确实能够提供低吞吐量连接，支持最初的语音和低速率数据传输。图1-3a 给出了低速率一维（即单一空中接口）连接方法的表示。随着更高数据速率支持、更大覆盖范围、更高可靠性的需求出现，人们开发出了高级空中接口和网络，采用了多项先进技术。例如，这些复杂的空中接口采用了不同时空处理技术，如分集、波束形成和空间复用技术。多天线方法，统称为 MIMO（Multiple Input Multiple Output，多输入多输出）技术，能有效提高数据吞吐量、扩大覆盖范围和提高网络容量。不过，从整体上看，MIMO 技术的性能-复杂性折衷并不总能导致理想工程解决方案的出现。此外，人们引入了基于协作原理（如多跳技术）的高级网络架构，来增强系统性能和扩大网络覆盖范围。无线资源（如时间、空间、频率）的广泛利用会导致链路层和网络层性能的显著增强。同样，图 1-3b 给出了与图 1-3c 中相同的一维空中接口方法，但由于它采用了上述技术，因而支持更高的数据吞吐量。

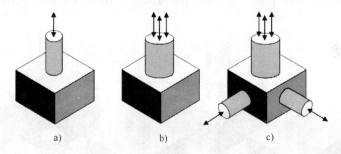

图 1-3　从"大哥大"、智能手机到移动云的基础架构：空中接口维度

a）单一空中接口　b）单一高性能空中接口　c）多个多维空中接口

从移动通信时代开始，移动设备就采用了相当简单的集中式接入体系结构，直接或通过中继器，将其与一个或多个基站建立连接。一个有趣的事实是，早期无线设备都配置有额外的无线连接端口，尤其是光学空中接口［如 IrDA（Infrared Data Association，红外数据协会)］，用于极短距离数据传输。光接口从未被用户广泛接受，并最终消失。目前，现代化设备拥有若干个板载无线电空中接口。特别是短距

离连接正在成为除蜂窝连接之外事实上的能力。蓝牙和 WLAN 是当前无线设备中最具代表性的短距离空中接口。用于极短距离通信（最多几厘米）的空中接口，也越来越受欢迎，它适用于近场通信（Near Field Communication，NFC）技术场景，用于在设备之间传输私密和安全数据，或者现场接入本地信息。

集成到移动设备的不同空中接口发挥不同作用，典型情况是一类空中接口仅用于一种特定场景或给定类型应用中。空中接口之间的协作实现方式相当简单直接，如通过支持在两种接入技术之间无缝切换，即一种被称为垂直切换的方法。从一个空中接口切换到另一个空中接口可以通过一个或多个事件来驱动，如信道和网络条件、移动性、覆盖范围和其他事件。然而，移动设备多个板载空中接口的存在目前尚未充分发挥其潜力。辅助空中接口之间的动态、频繁协作为无线和移动网络提供了无数的新机会，用以提高性能、更有效地利用资源、创造新的方法来利用分布式资源。本书根据移动云的通用名称，对包含有蜂窝和局域网之间频繁合作的协作方法进行了分类。图 1-3c 描述了无线设备的工作原理，该无线设备配置有多种空中接口，能够通过短距离设备到设备的通信，跨蜂窝网络、本地接入点和局域网提供多维连接。这代表了一种多空中接口的现代移动设备，能够在蜂窝（垂直）和短距离（水平）域提供多维连接。

图 1-4 从概念上给出了移动云是由若干台无线设备（或一般意义上的拥有多个空中接口的节点）构成的，它们可以进行局部互联，并能与基站或接入点建立连接。这与在节点之间访问信息或建立连接的典型方式明显背离。事实上，图 1-4 所示的无线网络，既不是传统的蜂窝系统，也不是 Ad Hoc 网络，但它综合了二者的特点。从架构的角度来看，图 1-4 的结构保留了蜂窝网络集中式拓扑和 Ad Hoc

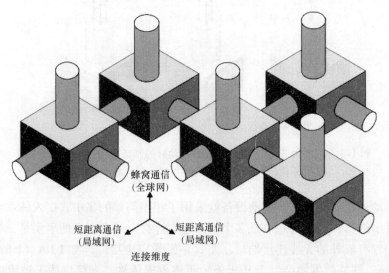

图 1-4　多维无线连接（局域网和广域网/全球网），采用移动云实现的工作原理

网络分布式拓扑的特点。移动云的复合结构使得这种方法非常灵活，且资源共享非常高效，如无线电资源及其他类似设备的资源。本书将对移动云进行详细讨论和研究，考察其潜力、技术优势、全新应用、支撑技术、面临的挑战与发展前景。

大约在本世纪初，开始出现一种发展趋势，即把无线通信功能集成到手机以外的设备之中。目前，大量便携式计算机、办公和家用电器、数码相机和汽车都提供无线连接。此外，微型附加适配器的快速普及使得为更多大型设备提供无线连接成为可能，这些适配器一般使用通用端口，如 USB（Universal Serial Bus，通用串行总线）- Wi-Fi（Wireless Fidelity，无线保真）、USB-蓝牙等。目前，在大多数移动用户消磨时间的场景中，已经存在一个无线节点分布运行的密集网络。一个给定移动用户通常会被相当数量的其他无线通信设备所包围。在城市环境中尤其如此。当然，随着时间的推移，由无线节点构成的网络将变得更加密集，且无线节点将可以工作在任何环境中。世界无线研究论坛（Wireless World Research Forum，WWRF）[5] 预测，到 2020 年，全球将有大约 70000 亿无线设备，也就是说，每个居民平均被 1000 个无线设备所包围。预计这些设备大多将提供短距离连接，其中一些设备将只提供无源空中接口，如 RFID（Radio Frequency Identification，射频识别）标签。不过可以说，在人们消遣娱乐的大多数典型场合中，将存在相当数量的其他无线通信节点，这些节点可以建立协作关系。这是移动云与相邻区域内节点的无线交互以及与其他无线或移动网络可能建立的连接可以利用的一个根本点。正如本书后面要讲到的，节点交互和协作的方式，取决于诸多因素，包括节点背后用户之间的关系、节点能力及许多其他因素。

需要注意的是，图 1-4 所示的多无线连接可以通过多种方式来实现。当前的主流技术——将多标准（多芯片）空中接口集成到移动设备中去，自然非常适合创建如图 1-4 所示的多连接方法。然而，未来的移动设备可能只拥有单一可重构的收发器，该收发器可以根据特定标准，轻而易举地进行实时配置。即将到来的 LTE-A 技术是该发展方向的一个实例，因为它定义了单一空中接口，同时支持蜂窝通信和设备到设备的连接。

1.4 网络演进：高级架构需求

在过去数十年中，无线和移动网络稳步发展。这是持续不断的研发（Research and Development，R&D）以及电信行业和网络运营商斥巨资的结果，用来满足不断增长的需求和用户的期望。提高数据速率、扩大覆盖范围和提高网络容量是塑造这一演进的最重要驱动目标。随着宽带业务的出现、用户群体的迅速增长和高级移动设备的大众化，频谱效率和能效也成为网络和移动设备的重要设计目标。

从网络架构的角度来看，数十年前开发的相同拓扑今天仍在使用。集中式接入已成为蜂窝网络的关键拓扑结构，而局域网已经采用分布式或集中式拓扑。这些拓扑都是相对简单、经过深入研究且已广泛实施的解决方案。近年来，蜂窝网络架构已采用通过在基站和移动设备之间增加中继节点这一简单的协作形式。蜂窝网络的架构基本上是确定的，不论无线环境如何变化，移动设备的动态特性如何，用户需求如何变化，人们都采用相同的接入拓扑。可以将局域网设计得更为灵活，使其支持 Ad Hoc 组网，并采用不同类型的拓扑结构，拓扑结构的选择取决于给定时间的特定需求和可用节点数。针对未来无线和移动网络，对性能和无线资源利用率的严格要求呼唤新型组网方法的出现，以达到机会式地利用网络的波动可用性以及不断变化的无线电环境中的无线资源的目标。传统蜂窝网络缺乏这种灵活性，而局域网在设计时充分考虑了适应性更强的拓扑结构。本书的重点话题——移动云，通过把蜂窝网络与 Ad Hoc 局域网两种方法融合为一种复合的集中式-分布式拓扑结构，实现了对不断变化的环境和要求的机会式反应，从而将蜂窝网络与 Ad Hoc 局域网紧密联系在一起。移动云提供了一种高度灵活的新型拓扑，该拓扑不仅在无线和移动通信领域，而且在机会地利用分布式资源方面，都具有前所未有的潜力。

1.5　结论

本章描述了移动通信系统的发展现状和演进路径。移动设备的数量将显著增加，当前的移动通信架构将很快达到极限。这就需要用到移动云，我们将在后面各章对其进行详细描述。

参 考 文 献

[1] ITU World Telecommunication. ICT Indicators Database. http://www.itu.int/ITU-D/ict/statistics/at_glance/KeyTelecom.html, 2013.

[2] M.H. Callendar. IMT-2000 (FPLMTS) Standardization. Presented at the ITU Malaysia Seminar, Kuala Lumpur, March 1997.

[3] The UMTS Market Aspects Group. UMTS Market Forecast Study, 1997.

[4] Report by Market Intelligence Center (MIC), 2006.

[5] Wireless World Research Forum (WWRF). WWRF web page. http://www.wireless-world-research.org/.

第 2 章　移动云简介

> 如果你想得到增量级改善，那么你与对手开展竞争；如果你想得到指数级改善，那么你与对手进行协作。

> ——匿名

在本章中，我们将对移动云进行定义和讨论。我们可以从不同角度来认识移动云的概念。本章在对其他将协作和社会问题考虑在内的定义进行反复权衡的基础上，首次提出一种通用的移动云定义。我们还讨论了用于共享分布式资源的移动云能力。同时，本章还围绕移动云如何利用协作和认知原则开展讨论。最后，本章提供了移动云的分类方法，包括对不同类型移动云及其相关场景中出现的协作类型进行了讨论。

2.1　引言

近年来，在计算和组网技术等诸多领域，"云（cloud）"这个词已经变得无处不在。云计算（cloud computing）、云存储/访问（cloud storage/access）、云游戏（cloud gaming）、云中云（cloud of cloud）（云际（inter cloud））都是云技术的典型实例。"云"这个词是对系统的一种抽象，该系统由相互连接的分布式资源构成。这些资源在云中进行共享，以实现既定目标，服务提供是云应用中最为常见的目标。通过云提供的服务通常包括增强型基础设施和处理能力、随时随地访问信息、分布式存储、安全、软件、测试平台等。云资源既可以是物理的（如硬件），又可以是无形的（如软件）。云计算可能是最广泛的云方法，可以将其理解为由一个或多个处理节点（如计算机）提供的计算服务。相对于服务请求节点来说，服务提供节点的位置是无关紧要的。实际上，它们可能位于任何地方，在远程站点上，靠近服务请求节点，或者分布在较大区域内。人们引入了移动云计算概念，包括也将移动设备视为节点。通常情况下，移动用户通过其移动设备，向云计算平台请求一项服务。这种云是由具有增强功能（如更强处理能力、更大存储容量）的节点构成的，能够执行大量与服务相关的任务，并向原始移动节点提供所请求的服务。在本章中，移动云概念是从广义角度来进行定义的，包含移动云计算这一特殊情况。事实上，正如我们将要提到的，移动云计算仅仅是移动云的若干种应用之一。在引入移动云概念时，必须搞清楚的一个基本问题是从更加广阔的视角而不是常规视角，来认识移动设备（移动云的节点）。当然，除了提供无线连接之外，可以将移动设备看做不同功能和能力的集合，如处理能力、大容量存储器、传感器、执行器、多个空中接口及其他能力。在本章的后面部分，我们将在移动云和移动设备的情境中定义不同的资源。

2012 年，由于弗吉尼亚的雷雨天气，亚马逊的弹性计算云（Elastic Compute Cloud，EC2）出现死机现象。该事件之后，诸多服务（如 Netflix 和 Instagram 公司提供的服务）出现中断现象，导致数小时无法运行。随着云为越来越多的分布式客户推出了一系列新服务，云的脆弱性在不断增加。因此，云需要利用冗余的概念来解决这一问题。从当前的云解决方案到移动云，存在着一条清晰的演进路线。当前的云计算解决方案是通常在一个给定物理位置实现的单个实体，如图 2-1a 所示的亚马逊云。移动设备通过网络运营商的核心网连接到云服务。但是，这种方法在诸多层面容易出现故障。例如，云服务提供商正在讨论将云复制作为一种提高可靠性的方法。同时，将云服务分布于多个地点也正在考虑之中，如图 2-1b 所示。这不仅在云可靠性方面带来了优势，而且还考虑了国家层面的存储数据或降低数据检索的时延等法律问题。除了云的水平分布（本地分布）之外，我们还讨论了云的垂直分布。这一概念主张将分布式云越来越移向用户侧，这与网络运营商的高速缓存类似。与当前的云解决方案相比，这些概念有利于降低时延，减少流量。该概念的逻辑演进为移动云概念铺平了道路。在移动云中，用户设备为实现几个不同的目标而形成机会式协作平台，本书后面将对此进行详细讨论。

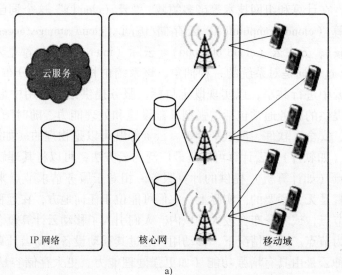

图 2-1　云演进

a）从单一云向分布式方法演进：单一云位于骨干网内

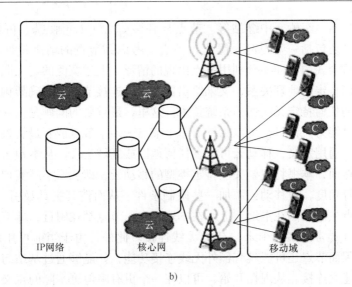

b)

图 2-1 云演进（续）

b）从单一云向分布式方法演进：分布式云遍布整个网络

2.2 移动云定义

在本节中，我们将对移动云的概念进行定义。由于可以从不同的角度对移动云进行认识，因而我们将提供几种互为补充的定义。首先给出一种移动云通用定义，然后分析一些其他互补定义，这些定义重点关注云的某些特定问题。

2.2.1 移动云通用定义

定义 2-1

移动云是能够机会式共享资源的、动态连接节点的协作式组织方式。

协作：节点间的社会关系定义了协作的意愿，并形成了发生在云中的协作方式。

动态：无线通道在时域和空域容易产生波动，且节点状态容易发生变化（用户移动、节点加入、节点离开）。

连接：节点之间直接（对等）或以逻辑方式（通过覆盖网络）进行互连。

节点：具备互连功能的任何形式的通信设备。

机会式：充分利用任何节点出现的机会。

资源：网络中或嵌入到节点的任何可共享或可组合的实体/方法。

节点可以是任何具备无线连接功能的设备，如移动设备、计算机、平板电脑、家用和办公电器、车辆、中继站等。节点具有移动性（如可便携、可移动）的特点，但移动云还包括一些固定（静止）节点。考虑到节点的动态特性，移动云的操作必然是机会式的，即充分利用节点出现的情形。上述宽泛的定义既未假设节点之间具有任何特定的地理关系，又未给出任何用于连接节点的明确架构，也未指定节点所使用的任何特定无线通信系统技术。这里，最重要的问题是旨在实现预定目标的资源共享能力。该目标可以为针对单个节点、多个节点或者最终整个云进行定义。根据这一通用定义，移动云可以在任何地区或区域实现，从本地云到真正广泛部署的云。然而，本书将主要关注特定类型的移动云，即从云实际实现、可达到的性能和效率等角度，对移动云添加一些限制条件，从而使其更具吸引力。事实上，我们的兴趣点主要聚焦在本地云上。在本地云中，节点都在附近，即节点可以通过短距离链路（通常最多几十米）建立无线连接。此外，由于当前可用的无线设备越来越多，因而节点还可能具有额外无线连接功能，如能够通过基站与接入点或覆盖蜂窝网络建立连接。从现在开始，可以在一个更有限但更实际的意义上来定义移动云，并将更具体的设备及其约束条件考虑在内。

2.2.2　移动云定义：协作云

节点可以彼此通过短距离链路进行交互，以及与覆盖蜂窝网络或接入点建立连接，这些运作甚至可以同时进行。基于分布式-集中式拓扑结构，移动云具有复合或混合架构，它综合了 Ad Hoc 和蜂窝网络的特点。移动云呈现出冗余或过度连接的特点，因为原则上每台移动设备能够与其周围节点和相关基站或接入点建立连接。

定义 2-2

移动云是位置相近的无线设备的一种协作组织方式，每台设备也可以通过接入点或基站连接到其他网络。

图 2-2 给出了移动云的概念，当移动设备与覆盖蜂窝网络建立连接时，它们在局部进行相互协作。类似系统的其他名称包括无线网格[1]和蜂窝受控短距离通信[2]。今天，许多人都拥有至少一台移动设备，且在大多数通用环境中，假设给定移动设备总是被其他通信设备所包围也是现实的。这些固定或移动设备，可能属于某个给定用户，或者在最常见的情况下，每台设备都有一个特定的所有者。移动云是一种基于移动设备之间机会式交互的动态系统。动态和机会特性是移动云的核心，虽然动态程度和机会式互动需求在很大程度上取决于云运行的场景。在公共场所（如机场大厅），在云中协作的设备数量可能会快速波动，而在办公室或家中，移动云可能长时间保持不变，因为许多协作节点是静止的。移动云的节点可以是异构的，且大小、能力和功能已知。因此，移动云可以是由小型手持式移动设备和较大便携或移动设备形成的，这些设备既可以是简单的手机，又可以是高级智能手机。

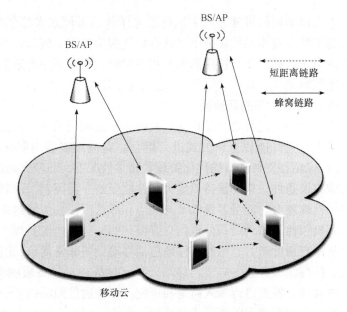

图 2-2　移动云的分布式-集中式基本架构

（BS（Base Station）—基站，AP（Access Point）—接入点）

移动云基于协作，且设备背后的用户通常是协作综合体的一部分。用户同意在移动云中进行协作，且原则上由每个用户决定协作到何种程度，与云中其他同行用户共享哪些资源。在某些情况下，单一用户可以管理多个节点。在设计移动云时，也应当考虑自治节点，即节点不一定受用户控制。需要注意的是，移动云的概念并未排除系统中嵌入协作互动且对用户完全透明的可能性。在本书中，移动云将作为一个提供各种用途的构建块，适用于不同场景和一系列可能的应用。我们将在后面对移动云应用进行举例说明和讨论。此时，人们可能会问，引入移动云用意何在？这一概念将带来什么新变化？为什么人们应当使用移动云？这些问题都可以使用移动云的能力和优势列表进行简单回答。对这些问题的详细讨论将贯穿本书始终。从云和个人用户的角度来看，需要考虑移动云的性能和能力。对于单个用户来说，基准参考点将是非协作模式中的性能和能力，在这种模式中，自治用户仅仅依赖于其移动设备。移动云的能力和优势可以概括为以下三个方面。

1. 通信性能改进

移动云将提高构成云的单个、多个或所有节点的通信性能。移动云可以改善性能指标，包括数据吞吐量、服务质量（Quality of Service，QoS）、覆盖范围、可靠性、安全性及其他性能指标。

2. 资源的高效、灵活利用

移动云支持有限、稀缺和昂贵的典型资源的高效、灵活利用，此类共享无线资源和物理资源在云中是可用的。能量和频谱是能够高效使用的无线资源代表。由于云原则上支持人们以不同的可能方式来执行给定任务，每种方式都存在相关成本，因而人们可以基于特定成本最优化准则来选择最优解决方案。例如，不同的空中接口具有不同的能力、功耗、频谱使用需求和相关时延。在对短距离通信接口和蜂窝空中接口进行比较时尤其如此。

3. 开发利用分布式资源的新途径

移动云最令人兴奋的优势之一是存在于机会式开发利用属于不同云节点的资源理念中的巨大潜力。资源能以全新方式进行组合，支持高级群组服务和应用的开发。集中式-分布式拓扑支持资源的优化管理。通常情况下，与较大通信设备相比，考虑到若干物理约束条件，移动设备的能力和性能受到一定限制。限制条件存在于诸多方面，包括处理能力、能量容量以及与大小和形状因子相关的约束条件。与便携式和台式计算机相比，移动设备处理信息要慢一些，运行速度要慢一些，连接性能要差一些。从用户角度来看，限制条件还包括移动设备非常简单，因而无法提供高性能功能或支持高级服务这一事实。移动云具有挑战移动设备限制条件的潜力，我们将在本书中对这一特点进行深入讨论和研究。移动通信面临的一个基本挑战是所有移动设备都属于能量有限的便携式系统这一事实，因为它们是电池驱动的。相对于现代设备快速增长的能源需求，电池技术，特别是那些旨在从根本上提高每单位体积能量容量的电池技术，发展速度仍然非常缓慢。一方面，板载可用能源数量有限；另一方面，在移动设备上集成越来越多高耗电功能的趋势日益明显，这成为当前移动设备制造商面临的最严峻挑战之一。小形状因子中的高功耗也会导致大量散热，将设备温度提高到不可接受的水平。当然，能量限制条件也为用户创造出许多约束条件和非理想特征，如工作时间缩短、需要频繁充电等。

2.2.3 移动云定义：资源云

根据具体场景或情况，分布式资源之间的交互能够以机会或确定的方式发生。作为一个平台，移动云拥有一个或多个资源池。我们将在后面对资源进行更加详细的定义，它不仅包含无线电资源，而且还包含设备（或节点）资源，如有形的物理资源、连接资源、应用程序及其他资源。

> **定义 2-3**
> 移动云是一种开发利用分布式资源的、高度灵活的平台。以无线方式连接的资源可以进行交换、移动、增加和采用全新方法进行组合。

图 2-3 从资源池的角度给出了移动云的概念。假定每台设备都携带了板载资源或者处理了大量资源。可以将移动设备看作是一个资源库，而在总体上将云看作是一个资源池。因为云是异构的，所以资源类型和数量可能会因节点而异。此外，即使在所有节点都相同的情况下，每台设备资源的当前状态未必相同。在给定时间内，给定节点的电池可能充满，而另一节点的电池可能几乎耗尽。同样，某个节点

的处理能力可能处于大量使用状态，而同时另一个节点的处理器可能处于空闲状态。同类分布式资源定义了一个特殊资源平面，且可能存在若干个可用的资源平面。原则上，云中的节点越多，可进行交易和开发利用的资源就越多。因此，可以将移动云看做灵活的平台，其架构能够以无线方式进行扩展。物理资源全新开发实例包括用户在云上结合使用传感器或执行器（传声器、CCD 成像器件、扬声器），以实现独特的空间处理能力，如定向传声器、3D（Three Dimensions，三维）或增强型视频/照片/音频处理以及诸多其他可能的应用。给定节点也可以机会地、以空中下载（Over The Air，OTA）方式向网络中对等实体借用多种功能（如针对特定任务的传感器、处理能力、连接资源等）。

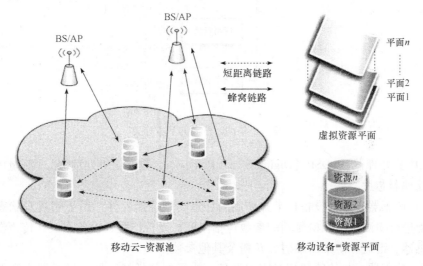

图 2-3　作为分布式资源池的移动云

在移动云的情境中，资源一词具有多重含义。云中可供开发利用或可供云开发利用的资源有多种。图 2-4 归纳了移动云资源的基本分类。任何节点都拥有大量资源，且成为移动云的节点部分就意味着这些资源是资源池的潜在构成部分。这是一种认识资源的新方法；每当某个节点成为移动云的一部分，其资源成为潜在的可共享资源。在设备上共享一些可用资源的决定最终仍由设备的所有者做出。下面是最重要的移动云资源：

a）**无线电资源**：这些基础资源，包括时间、频率（频谱）、空间和能源，与云在链路层和网络层的通信能力与性能密切相关。

两个链路和网络层次的通信能力和云的性能密切相关。无线电资源是设计由云来实现的协作策略时，必须考虑的最重要资源。

b）**内置资源**：它们是移动云中每个节点上可用的物理资源（如有形资源）。可以将其划分为以下几种类型：

1）**计算资源**：主要表现为节点的可用处理能力，如 CPU（Central Processing

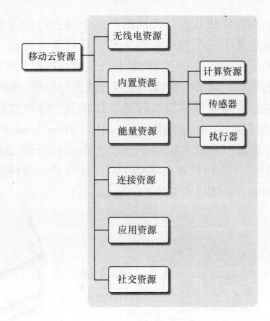

图 2-4　移动云资源的基本分类

Unit，中央处理器）、DSP（Digital Signal Processor，数字信号处理器）、海量内存和图形处理器芯片。

2）传感器：移动设备自带并使用的任意类型感知元件，用于对自身状态和周围环境进行检测。可能检测到的参数包括温度、设备位置、设备方位、传声器、成像传感器、键盘、污染、辐射、花粉及其他参数。

3）执行器：与传感器相对应的设备，执行器包括扬声器、显示器、光源及其他能够通过执行命令来产生可感知、受控输出的任何可能的物理元件。

c）能量资源：虽然移动云节点是便携式（可移动）的，但是原则上它们也是可搬移的（如较大尺寸的设备），或者它们甚至可以是固定装置。小型设备是能量有限的，而大型设备具有高容量电池（如笔记本电脑的电池），且电池可以在运动中（如车辆）进行充电，或者最终将设备连接到电源线上。在基础设施端，系统是典型的功率有限，而不是能量有限。给定无线设备的能量状况是一个时间变量，它与无线设备类型、实际充电条件、当前正在使用的功能和服务类型有关。因此，在移动云中，能量是一种非常有价值的资源，例如在设计协作策略时，可以考虑由能够提供额外能量消耗的设备，来支持能量较少的设备。显然，连接到电源线或使用高容量电池的节点，可在云中处理流量和传输信令时发挥关键作用。

d）连接资源：现代移动通信设备，包括中等距离模型已经提供一系列可用空中接口。通常情况下，用于蜂窝通信（即 2G、3G 和当前的 4G）的空中接口有若干类，还有多种用于短距离通信的不同空中接口，如蓝牙、无线局域网（WLAN）

和近场通信（NFC）。一般而言，空中接口基于无线电技术，但这不是唯一的情况。过去，甚短距离的光接口（如 IrDA）是可用的，而在未来，针对可见光通信（Visible Light Communication，VLC）的光空中接口也可能存在。每种空中接口提供了某种类型的连接，其特征可由拓扑、支持的数据速率、功耗、时延及其他参数来描述。

e）应用资源：目前，移动设备拥有巨大的存储空间，为用户数据和应用提供服务。针对每种操作系统，存在着一个非常庞大的应用库，用户通常能够低成本或免费轻松下载特定应用。也可以将应用视为实际上可被共享的资源，能够跨越移动云进行合并和扩展。通过在移动云上共享相似或不同的应用，人们可以达到增强整体能力的目标（与非协作情形相比），此时云中部分或全部节点可以共享这些能力。

f）社交资源：通常情况下，移动设备由某个用户所拥有，并对操作模式和其他设备配置拥有完全控制权。最终是由用户来决定其设备是否加入给定的移动云，何时在云中，共享哪些资源。从这个意义上讲，为了开发云协作策略，能够获知或预测用户行为是非常重要的。此外，获知社会或群体行为与获知个人行为同样重要。通常，能够预测人们将加入某个云，因为这样做他们会从中受益，用户作为个人会从中受益，云成员作为社会实体也会从中受益。

作为支持社会交互的框架，移动云可以在人与人之间提供连接通道。因此，可以从社会的角度来对移动云进行定义。

2.2.4　移动云定义：社交云

短距离链路支持发生在云内的局域社交，这是一种云内或小型的社交。广域社交（大型社交）是在用户之间而不仅仅是在邻近区域建立连接，因而同样需要基站或接入点的参与。当建立连接的用户属于不同云时，云间社交才会发生，且当移动云外的一个或多个用户处于自治状态时，云与用户的交互才会发生。

> **定义 2-4**
> 移动云是一种用于建立移动社交网络的灵活平台，也就是说，在移动社交网络中，进行交互的用户可以自由运动。

图 2-5 给出了移动云视为用于建立移动社交网络平台的一个实例。移动云为用户进行互连提供了不同的方案，每种方案都包含相关成本、能源和频谱使用情况、可实现的性能等内容。信息的互动和交流能够以许多不同的方式发生，如广播、组播和单播。例如，在图 2-5 中，用户 1 和用户 2 要建立连接，存在着多种拓扑选择。需要注意的是，不能排除蜂窝网络的参与，无论是在传统的集中式方法中，还是通过诸如认证或注册来协助建立本地连接的过程中。连接远端云成员用户 1 和用户 3，需要用到核心网络，因而需要将基站和/或本地接入点包括在内。当然，虽

然针对某个用户的社交连接不属于任何云的组成部分（如图2-5中的用户4），但是仍然可以给予提供（云到用户的连接）。

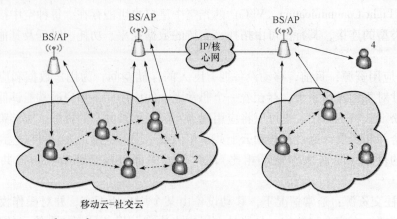

移动云=社交云

┅┅┅┅▶　局域社交(云内)：由短距离链路提供支持

◀━━━━▶　广域社交(云间)：由短距离链路和广域通信提供支持

图 2-5　作为社会网络平台的移动云

2.3　移动云中的协作与认知

在无线通信和移动通信中，存在着诸多以一种方式或另一种方式与移动云有关的技术，虽然我们提出的移动云概念将诸多知名网络技术作为特例包含在内。移动云不是传统定义中的 Ad Hoc 网络、飞蜂窝（femto cell）、无线传感器网络，虽然从架构的角度来看，移动云至少具备这些技术的一些特征。例如，没有连接到基站或接入点的移动云是一种简单的 Ad Hoc 网络。然而，移动云遵循两大基本原则，且要尽可能充分利用这两大原则，即协作和认知。协作是最显而易见的，它是云节点以及云节点和接入网络之间局域交互不可或缺的组成部分。这些协作域如图2-6所示。可以将移动云环境中的认知定义为：感知当前云状态（资源状态）及其周边环境的能力；以智能方式反应和适应观测状态的能力。由于系统和环境条件随时间发生变化，因而通常可以将认知实现为一个连续循环（即认知循环），如图2-6所示。需要注意的是，实际上，认知循环的观测部分可以通过感知某些感兴趣资源或仅仅通过直接传输信令来实现。在前一种情况下，特定功能实体可以执行感知操作（如通过参数估计算法），因为它可以在认知无线电系统中完成。在认知无线电系统中，通过频谱感知算法能够确定频域的状态。直接传输信令意味着仅仅是将给定资源的当前状态，沿着无线链路发送给节点，或者发送给那些请求该信息的节点。例如，当移动设备报告电池电平的测量值时，就属于这种情况。

协作与认知是可由移动云开发利用的主要资源交易原则，而可以将提供的短距

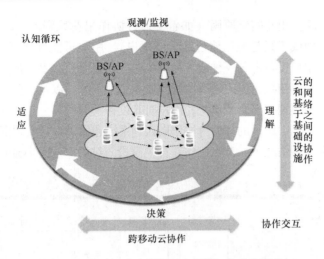

图 2-6　移动云中流行的两大原则：协作与认知

离链路和接入网络视为资源交易域。虽然协作是移动云的最本质特征，但是认知不一定是云实施时所必需的，许多简单解决方案仅仅基于协作。随着系统变得异构，认知的作用变得越来越重要。云中节点通常是不同的，每个节点可由其特殊的资源来表征，因而在云中做出明智决策或实施协作策略，将在很大程度上取决于与云构成相关的可用信息。即使在云节点相似的情况下，基于当前和过去的资源使用情况，每台设备的可用资源仍然不尽相同。认知使得云和环境的信息更新成为可能，对于支持机会式开发利用行为来说，这是最基本的要求。需要注意的是，在云中实现一个认知循环，总是需要消耗资源，且在某些情况下，这可能会不可避免地导致成本过高（能源、频谱、复杂性、时延等）。设计人员面临的一大挑战是设计能够在性能、整体资源利用率和复杂性之间取得良好工程折衷的解决方案。近年来，人们围绕认知无线电概念开展了广泛的研究。这一概念背后的驱动力是这样一个事实，即无线电频谱——这种有限的自然资源，一方面由于高带宽服务的日益普及而变得非常拥挤；另一方面，在大多数移动通信系统中，人们采用的频谱分配方案不够灵活。可以将频谱看作是可以在认知无线电系统中共享的公共资源。通过对未使用频段进行检测，系统可以为用户分配所检测到的空闲频带，用于自身的数据传输。可以将认知无线电看做在通信网络中机会地利用公共资源的第一次认真尝试。认知无线电系统可以用一个连续认知循环来表征。在这一循环中，基于当前观测到的频谱使用情况，来对频谱进行感知。系统决定如何在频域内分配未使用频段。由于移动云支持原则上可以共享的大量折衷资源，因而也可以将认知无线电概念扩展到其他资源。图 2-7 给出了在传统认知无线电（左下角）中如何实现认知循环，以及如何将这一概念扩展到将云中其他可用资源和周围环境包含在内。认知无线电（这里是指认知网络）的推广，原则上可以利用多种资源，且这些资源在本质上区别较大。这些资源分布在云上，所有资源具有成为移动云公共资源的潜力，只要用户决定对其进行共享。出于特定原因（如希望通过协作来获取资源、因为基于云的应用非常具有吸引力或者只是无私地帮助其他用户），用户可能会选择加入并形成云。参与云意味着将用户设备上的一种或多种资源注入到资源池，也就是说，假定这些资源变成了公共资源。用户可以决定哪些资源成为公共资源，以及资源共享的程度。显然，当某个特定用户拥有多个节点时，用户对其设备上的所有分布式资源具有完全控制权。另外，图2-7中所示的理念为协作嵌入到系统和通过设计实现资源共享的情形建立了模型。在这种情况下，节点工作在自主模式，对用户是完全透明的。

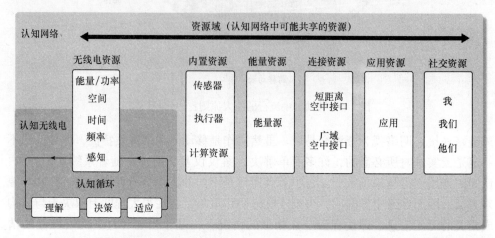

图 2-7　从认知无线电到认知网络：认知循环支持对公共资源状态的持续感知

　　在设计移动云时，开发利用情境信息是主要目标，因为这些信息原则上支持对有效利用资源的高性能协作策略进行设计。情境信息要么是固定信息，要么是可变信息，它们既可能是在云内产生的，又可能是在云外产生的。举例来说，如果关于云节点当前电池状态的信息是可用的，则协作策略需要更多具有高可用电池电量的设备参与，共同支持剩余电量低的设备。如果检测到某个节点正在远离云的重心，则该信息可能表明该节点极有可能离开云，因而需要对云进行重新配置。这两个实例说明了当情境信息来自于设备本身或来自于云整体的情况。此外，云还可以利用不驻留在设备或云本身、但来自于云运行环境的情境信息。关于云运行环境类型的知识（如公共场所、办公室或家中，仅举几例），为移动设备中可以预期的协作类型提供了重要提示，这反过来对决定要使用的最恰当的协作策略是至关重要的，这一点我们将在后面进行讨论。情境信息的一些实例包括：

　　移动设备的情境信息：设备类型/能力，电池的当前状态或使用程度，CPU、内存及其他功能，应用信息（可用的应用、当前在用的应用），设备位置、速度和方向，通过板载传感器测量的参数，所有者身份和电子声誉，所有者的访问，存储的用户信息和偏好，特权（会员用户、普通用户）等。

　　移动云的情境信息：云的几何信息（如云的重心），云用户之间的关系，云信道状态信息矩阵等。

运行环境的情境信息：运行环境的类型和特点，能源的接入（电源插头的可用性），本地策略（对最大辐射功率的限制和安全问题）等。

2.4　移动云类型及相关协作方法

云用户成员之间的关系定义了云中将要发生的协作类型。我们定义了移动云的三种基本类型，即个人云、专用/专业云和公共云。在实践中，真正的云可能更为复杂，它综合了这三种类型的元素。然而，对这些基本类型进行定义是非常重要的，因为它有助于加深对与特定云相关的协作本质的理解。图 2-8 描述了这三种云的基本类型、典型的运行环境和相关的流行协作。

个人移动云是由同一用户完全拥有或管理的移动设备或任意通信节点形成的一种云。由于用户拥有或控制所有节点，因而他能够以任何便捷的方式对云资源进行开发利用。在这种情况下，用户是协作的唯一受益人，且从云的视角来看，用户可以强制其设备为其提供服务。从这个意义上讲，可以将强制协作看作是个人移动云中比较流行的协作方式。个人移动云更容易形成，因而不需要特定的环境，在给定用户及其支持设备的任何地方，都可以轻而易举地建立个人移动云。需要注意的是，通常情况下，强制协作是协作最常见的情形之一。在多跳系统中，每当人们将某台通信设备（归某个用户所有）作为中继站进行部署时，强制协作就会发生。中继站并未从协作中得到任何好处，相反，它还贡献了其资源（电池能量、自己的时间、处理功率等），因而可以认为中继站被源节点滥用（强制）。长期演进（LTE）移动通信系统中使用的中继网络，也是强制协作的一个典型实例。

在专用/专业/可信网络中，无线设备背后的用户之间的关系更为密切。例如，在家庭内部，人们可以预见，其他设备的所有者通常是家庭成员、亲密朋友或者可以信任的个人。用户之间的亲密、熟悉或挚爱的关系也意味着信心和信任的关系，因而在专用移动云中，协作的主要方法是利他的。用户可以共享资源或帮助他人，而不期待任何回报。不需要激励机制来推动协作，用户会自然而然地互相支持或互相帮助。此外，举例来说，共享工作场所或学校场地（仅举几种场景）的人们，在上述环境中，还会对公共场合的其他人（如同事或同学）萌生一种信任感。这可能会导致利他或非利他两种协作方式，主要取决于特定人群中信任达到的程度。在办公场景中，雇主最终可能要求（或强迫）员工彼此之间建立协作，特别是如果雇主为通信服务买单且协作提升了服务品质或降低了成本。

也许公共移动云中发生的最困难、最具挑战性的协作情形是，假定用户彼此之间不相识，或者至少彼此之间不存在特别关系，或者彼此之间互不信任。这是公共场所（如开放空间、机场、商场、会议中心及其他场合）中出现的典型情形。这里，需要回答的主要问题是：在这种情况下，未知用户是否会参与到协作中去？在玩家之间不存在信任关系的环境中，纯粹的利他主义不会出现。毫无疑问，从用户协作的观点来看，公共移动云代表了移动云最具挑战性的情形。此外，可以将公共移动云看作是最常见的移动云情形。如果协作策略在这些云中起作用，人们也希望它能够工作于任意类型的云或情景中。公共移动云是基于利己协作的，也就是说，如果能够从参与中得到明显的好处，则每个用户将加入并参与到移动云中。正如本章前面所讨论过的，移动云具有诸如性能增强、资源的更好利用和提供分布式资源开发的新途径等优势。所有这些优势对于激励用户加入移动云而非采取不协作态度是非常具有吸引力的。通常情况下，对于加入移动云的用户应当采取一定的激励措施。与处于自治状态的节点相比，参与协作的节点必须有所收获。针对用户的激励可能使其实现更好的 QoS、延长工作时间或访问特定云服务。这里，还存在着协作成本问题，尤其是当将网络运营商或服务提供商考虑在内时。在移动云中，运营商的角色是非常重要的，因为诸如为移动用户推送信息这类基本操作在实施时会有效消耗掉频谱等公共资源。可以将协作用户看作是帮助运营商提供更高品质服务的角色。因此，网络运营商可以通过向共享自身资源（即开放自身设备以供他人使用）的用户提供经济回报来激励协作。云操作也有可能会导致使用特定服务的用户大量涌现，这对服务供应商相当有利，服务供应商也会设计价格策略，来鼓励人们访问云服务。

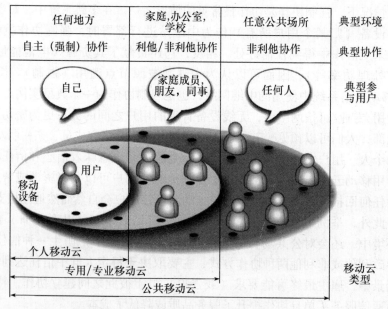

图 2-8　移动云分类和典型相关运行环境

图 2-8 给出了移动云分类和典型相关运行环境。当然，这是一种具有较强指导性的分类方式。对于设计最恰当的云协作策略来说，知道协作的主要或预期类型是非常重要的。

2.5　协作与激励类型

在上一节中，我们给出了移动云的基本分类方法。可以看出，用户之间的关系定义了有可能将发生在云中的协作类型。本节将阐明协作类型以及与不同协作方法相关的典型激励类型。这一点非常重要，因为理解用户行为及其在云进行协作的意愿，对于成功设计和实施协作策略来说是至关重要的。协作成本（C）和收益（B）如何相互影响这一事实，可用于对给定协作策略的魅力或吸引力进行建模。事实上，用户做出是否进行协作的决定基本上取决于他如何评价这个简单的协作等式

$$I = B - C \qquad\qquad (2\text{-}1)$$

式中，I 代表整体感知激励。正如所料，I 越大，用户将参与协作的热情越高，反之亦然，且基于用户协作的系统，应当将实现 I 的最大化作为目标。可以将收益 B 看做已知的，它可以由用户假定或推算出来，或提供给用户；也就是说，用户可以利用的任何收益。该激励或可能的收益存在于许多可能的域中，如技术、个人、社会和经济等。成本 C 同样也跨多维空间，其中包括因参与云中与其他人的协作而导致的用户资源支出、性能下降和风险（如安全和隐私问题）。图 2-9 给出了移动云中的协作域，包括利他、利己、社会、强制/自主协作和技术方法等。同时，该图还给出了与这些协作方法相关的典型激励。下面，我们将使用上面介绍的协作等式，对每种方法进行讨论和建模。

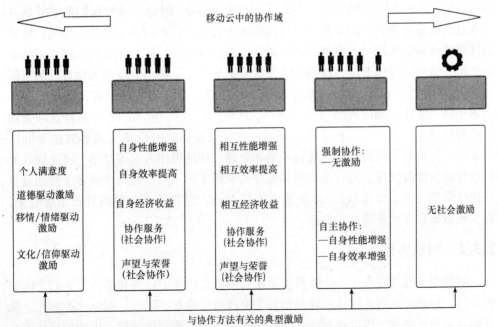

图 2-9　移动云中的协作域和典型激励（收益 B）

2.5.1 强制/自主协作

每当无线设备被要求以一种强迫的、非自主方式为其他对等设备提供服务时，强制协作就会发生。请求节点和被请求节点之间的关系更加准确地定义了强制协作的类型。如果被迫协作节点（设备）处于同一所有权的请求节点，则强制协作成为一种自主协作，我们将在本书后面对其进行定义。在云节点专门设计用于发挥服务作用的情形中，也可以对强制协作进行定义。例如，LTE 网络中当前使用的典型中继站，是强制协作的一个实例。此外，在极端的情况下，也可以仅将强迫协作看做用户滥用的一种情形，如果强迫用户利用非法或不合法的手段达到这一目的。由于协作强制不当，因而这种方法也可能等同于奴役。在强制协作的情况下，$B = 0$，因而感知激励是负的，原则上对协作起到了阻止作用。作为强制协作的一个特例，自主协作通常出现在个人移动云中，此时用户会形成一种由其拥有的无线设备构成的云。因此，节点所有者是协作的唯一受益人。这里，所有可用资源都属于用户，且可以对云进行配置，来为用户提供服务。从这一角度来看，假定用户能够通过使用其设备来实现净效益，用户既不会感觉将使用自身资源看作是一种成本，也不会感觉到某些设备可能出现的性能下降。通过使用自己的设备来形成个人云，由用户实现的可能收益 B 包括已经确定的通项：性能和资源利用率改进以及经济上的优势。另外，也可以将拥有高级协同应用的可能性看做鼓励自主协作的激励，这些应用充分利用了个人设备上的其他资源。由用户察觉到的成本 C 是非常小或可以忽略不计的，因而在通常情况下，人们可以预期 $I \gg 0$。因此，只要他们能够看到任何提及的收益或好处，用户就极有可能形成个人云，并利用自主协作。实例：传感器网络是强制协作的一个典型实例。诚然，通过设计，与嵌入式传感器网络中的情形类似，该网络协作节点将传感信息发送给汇聚节点。每个节点都贡献自己的资源（如能量、连通性和传感器），来实现传感器网络的目标。如前所述，如果所有节点属于同一实体（即此种情形中的用户、网络或组织），则人们也可以将这种强制协作看作是自主协作。在智能电网环境中，可以使用单一设备（或者智能手机），对家用电器瞬时功耗检测报告进行采集和处理，并使用接入点或基站，将处理后的结果传输给能源代理。另一个实例是通过共享属于同一用户的两个或多个移动设备的连接资源（如空中接口），来形成个人移动云，它将若干个数据管道结合起来，以实现数据总吞吐量增加的目标。

2.5.2 利他协作

利他主义通常存在于一个成员关系密切的社会团体中：换句话说，人们之间彼此信任。移动设备背后的人可能是诸如家庭成员、朋友、同事、同学之类的人。从移动云的角度来看，可以将利他主义看作是协作的一种简化情形，因为信任和信心将会削弱阻止协作的障碍。利他主义者有可能会充当捐赠方的角色，愿意共享其资源，且不计任何回报。因此，利他用户将对其他用户（接受方）因其慷慨而得到的收益，以及因参与协作而带来的成本进行评估。根据汉密尔顿法则[3]，利他协作等式变为

$$I = r \cdot B - C \qquad (2\text{-}2)$$

式中，B 表示接收方的收益；r 为用于建模接收方和捐赠方之间关联度的系数；C 为捐赠方的成本。

用户之间的关联度越高，r 值越大，捐赠者越有可能实施利他行为。如果交互用户互相不了解，即 $r = 0$，则当潜在捐赠方仅看到参与协作的成本时，协作等式将变为负值。

实例：使用移动设备，并允许同事的笔记本电脑进行 IP（Internet Protocol，互联网协议）接入是连接资源利他共享的一个例子。虽然相关成本包括捐赠方共享连接链路所需的电池能量以及捐赠方没有使用该资源的机会，但是利他用户很可能会与其同事共享其链路。

2.5.3 利己协作

通常情况下，用户更可能实施利己行为而不是利他行为。如果用户看到有利可图，则他将参与协作。鼓励个人用户参与协作的最简单方法是创造条件或提供激励，使得所有参与用户瞬时收益（B）大于成本（C）。协作将自动发生，因为"真正的利己行为是开展协作！"[4]。这种利己协作依赖于协作技术，因而也可以简单地将其称为技术协作。由利己行为驱动的技术协作是一种涉及到参与人及其决定的团队协作，且它不应当与对用户完全透明的传统技术协作相混淆。在本书中，我们将这种纯粹的协作称为嵌入式技术协作。在移动云中，制定协作策略通常应采取利己协作，因而需要为加入云的每个用户提供收益。由于公式（2-2）中的 r 值较小，显而易见，用户需要看到一个较大的收益，以便激励他们做出加入云的决定。从构建新移动云的角度来看，利己协作也许是最苛刻的协作方法。如何激励自私用户参与协作？如何将激励云的潜在成员加入或开始形成云？如何让用户知道参与移动云可能获得的收益？在很大程度上，这些问题的答案取决于移动云提供的收益类型。一般来说，加入云的激励应该来自于针对云开发的协作服务或应用。服务或应用最终依赖于云提供的能力，云是作为一种用于共享资源以及提高性能和资源利用效率的灵活平台出现的。可以通过实现激励机制来激发用户意识到尽可能大的收益 B，而不管它与未知用户的交互。需要注意的是，最简单、最成功的协作策略——互惠[5,6]，在移动环境中实现并非一件轻而易举的事。正如稍后将在第 8 章中所讨论的，从给定协作行动中发现给定收益并没有一种独特方法，并意识到这是必要的，以成功激励个人用户参与协作。实例：机场是公共场合的一种典型实例，在这种场合中，未知人群具有彼此协作互动的潜能。鼓励其他人开始协作的最简单方法是广播在用可用服务和已形成云的本地信息。这可以通过协作式服务发现机制来完

成。广播的信息将鼓励潜在用户加入本地在用的服务。用户可能会结束先前未加考虑的加入服务，这一事实将使服务供应商从中受益。除了正在运行的服务公告之外，广播的服务发现信息应包括与加入云的收益有关的关键信息。举例来说，可以对该信息进行定价，用户可以清楚看到处于非协作状态与作为云成员之间的成本差。其他可实现的收益包括电池能量的节省近似量、增强的服务质量（QoS）或体验质量（Quality of Experience，QoE）及其他收益，这取决于移动云形成的初衷。通过服务发现技术，加入特定服务（设计用于协作）的首个用户可能开始推广该服务。基于广播的服务发现信息，其他感兴趣用户可能会加入服务。

2.5.4　社会协作

社会协作是指由其社会影响驱动的用户之间的协作交互。通过与给定用户进行协作，可以实现如下目标：提高其社会地位或声誉；支持社会应用或服务的建立，尤其是针对多用户协作设计的社会应用或服务。可以将协作的主要激励看做个体和社会的行为。协作用户会将其参与协作看做提高个人满意度的有效途径，更重要的是，个人满意度可以进行具体衡量。用户的协作意识越强，其社会声誉（或电子声誉）越高。可以将给定用户、用户团体或组织的社会声誉看做某些个人和社会价值的测量指标。最重要的是，社会声誉的测量指标可以是现成的，且在上述协作各方的社交网络中是可见的。这种社会可见性可以充当协作的有效激励。需要注意的是，可以采用诸多创新方式来使用声誉点，而不仅仅是作为个人/团体满意度的一种测量指标。可以使用声誉点来与其他用户、团体、组织以及网络和服务提供商的其他资源或经济回报进行交易。实例：某用户打开其设备供他人使用（如在最简单的情况下，作为中继器开展工作）的意愿越强，则张贴在用户 Facebook 个人资料或任何社交网络上的累计声誉值越高。对于与其他用户（组织成员或非组织成员）建立协作关系的给定组织来说，这一结论同样成立。通过社会协作，不仅可以提高个人或社会团体的社会声誉，而且还能得到移动云可能给予的任何收益。可以将社会回报看作是可用于获取服务的可赚取资源，或者这些资源最终可以与其他资源进行交换。

2.5.5　嵌入式技术协作

嵌入式技术协作是指嵌入到系统且对用户完全透明的协作技术。目前，存在着大量基础的、高级的协作技术，包括中继技术、协作编码、协作天线技术（如分布式 MIMO）和网络编码。需要注意的是，这些技术能够用于且正在用于涉及用户决策的协作，这与我们已讨论过的移动云诸多情形类似。本书重点关注协作的社会问题，因而这里对纯粹嵌入式技术协作不予考虑。参考文献［4］对嵌入式技术协作方法进行了全面介绍。

2.6　结论

在本章中，我们在技术方面和社会影响方面给出了移动云的定义。我们给出了从无云到云通信的演进路径，并强调云并不一定仅基于骨干网，但是将与移动设备融合在一起。图 2-10 更为详细地给出演进路径：图 2-10a 再次给出了不含云概念的无线链路上的点对点通信。这种拓扑可以作为发展现状的一个参考点。图 2-10b 给出了引入通信中继以扩大通信覆盖范围的情形。中继最有可能归网络运营商所有，因而这种协作是强制性的（参见第 8 章关于强制协作的详细解读）。图 2-10c 和图 2-10d 给出了贯穿本书始终的移动云概念。在图 2-10c 中，移动设备通过在互联网某处实现的云服务器来建立连接。只要 3 台移动设备与互联网建立连接，则其位置不再重要。图 2-10d 描述了当移动设备相互靠近，且在覆盖网络的帮助下（甚至不需要覆盖网络的帮助），以直接方式建立无线通信链路时的移动云。

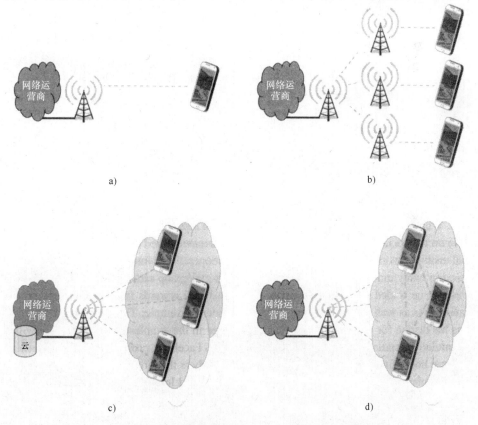

图 2-10　移动网络从点到点通信到移动云的演进路径

a) 发展现状：点到点通信占统治地位的蜂窝通信　b) 发展现状：网络运营商采用中继通信来扩大覆盖范围或降低蜂窝负荷　c) 采用集中式云基础设施的移动云通信　d) 采用用户间直接通信和覆盖网络建立的移动云

参 考 文 献

[1] F.H.P. Fitzek, M.V. Pedersen and M. Katz. A Scalable Cooperative Wireless Grid Architecture and Associated Services for Future Communications. In *European Wireless 2007*, Paris, France, April 2007.

[2] F.H.P. Fitzek, M. Katz and Q. Zhang. Cellular Controlled Short-Range Communication for Cooperative P2P Networking. In *Wireless World Research Forum (WWRF) 17*, volume WG 5, Heidelberg, Germany, November 2006. WWRF.

[3] W.D. Hamilton. The Evolution of Altruistic Behavior. *The American Naturalist*, 97:354–356, 1963.

[4] F.H.P. Fitzek and M. Katz, editors. *Cooperation in Wireless Networks: Principles and Applications – Real Egoistic Behavior is to Cooperate!* ISBN 1-4020-4710-X. Springer, April 2006.

[5] R. Axelrod. *The Evolution of Cooperation*. basic Books, 1984.

[6] R. Axelrod and W.D. Hamilton. The Evolution of Cooperation. *Science*, 211:1390–1396, 1981.

第3章 移动云中的设备资源共享

一旦你有许多以不同方式组合的不同类型设备，你就无法奢望使用单一软件来包打天下了。每台设备都有一组特定功能，且如果在我们制造设备时，就必须假定这些设备的用途，则这种方式是非常不灵活的。

——比尔·乔伊

可以采用多种不同方式对属于移动云节点的资源进行组合。这些分布式资源能够以线性方式进行添加，以生成合并资源的增强版本。另外，可以对资源进行组合，以达到仅靠单一设备资源无法实现的特定结果。本章对移动云协作节点间资源共享的潜力进行了鼓舞人心的综述。

3.1 引言

一台现代化移动设备包含一系列折衷的资源，既有诸如传感器、执行器、电池、完整功能（如处理能力、无线连接模块、大容量存储器）的有形物理资源，又有诸如应用和存储在设备上的信息等无形资源。当需要通盘考虑连接到给定无线网络（如移动云）的移动设备时，人们可以发现由原则上可以进行无线连接的分布式资源构成的系统。可以针对特定用途，将分布式资源进行组合，来使某台、某几台或所有移动设备及其所有者受益。通常，可以将资源共享定义为在分布式资源间建立活性关系的动作。这里，活性关系意味着在云中组合、移动和管理资源（如资源聚集、转移和合并）。图3-1描述了资源共享的基本分类。资源聚集是指将同类资源以加法方式放在一起，从而产生一种增强等效资源。例如，我们可以将手机屏幕采用积木的方式叠加起来，来生成一个面积更大的屏幕。同样，可以采用与计算机和电线相同的云计算模式，将移动设备上的CPU以无线方式连接起来，以生成一个基于分布式处理能力的、更加强大的处理单元。资源转移是指将资源从某些设备转移到其他设备上，使得借方设备能够以机会的方式使用出借设备的资源。因此，举例来说，通过无线链路，基本移动设备可以借用附近高级设备处不可用的板载资源。即使在物理上无法将资源转移到目标移动设备，实际效果也正如它们原来的那样。出借节点处传感器收集到的信息显示效果与借用节点感知到的一样。这些信息可能来自于大量的传感器。我们可以将资源合并定义为资源的融合，而不是生成共享资源的增强版本，它是将资源映射到一个新的资源空间，其特点是生成一个新维度。合并的资源会产生一种使用单一非合并资源无法实现的新型资源。多种移动设备的传声器和扬声器可以进行共享，以生成空间处理能力，分别支持声音的定向采集和3D音效。使用单一设备的资源无法实现这些扩展能力，因而用于创建利用分布式资源新方法的潜力，是一种鼓励用户进行协作的极好诱因。

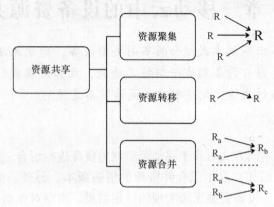

图3-1　用于共享分布式资源的不同方法

资源聚集只发生在同类资源之间，而资源合并支持同构和异构资源合并。观察移动设备的常规方法是将其视为不仅提供连接性，而且集成了越来越多其他功能和应用的设备。我们也可以将移动设备看做含有大量资源的设备，这些资源具有与其他设备上的资源以无线方式建立连接的潜力。我们可以定义一个资源平面，因而每当用户打开移动设备时，他就将移动设备的资源放在相应的资源平面内。如上所述，资源共享可以在平面内（每个平面具有特定相关类型的资源）或跨平面（可以共享不同种类的资源）进行。图3-2描述了资源平面内和跨平面资源共享的理念。

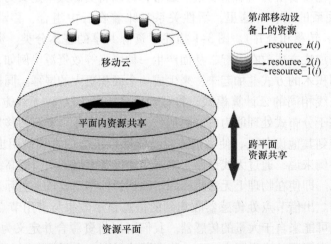

图3-2　资源平面内和跨资源平面的资源共享

3.2　资源共享实例

让我们首先找出那些可能易于实现共享的资源。图 3-3 描述了具有典型板载资源的移动设备，这些资源包括扬声器、传声器、图像传感器（相机）、显示屏、传感器、键盘、蜂窝空中接口、短距离空中接口、海量存储器、处理单元（CPU、图形处理器等）和电池。除了这些物理资源之外，无形资源但同样可共享的资源，包括移动应用（App）以及存储在设备上的信息。值得一提的是，设备传感器包括非常广泛的、不拘一格的、不断增多的传感元件。除了上面提到的传感器之外，其他众所周知的传感元件具有诸如 GPS（Global Positioning System，全球定位系统）或蜂窝 ID（Identity，标识）、提供设备方位的陀螺仪、罗盘、加速计和接近传感器。此外，我们预计，未来将有更多环境传感器（如温度、湿度、污染、花粉和辐射）被集成到移动设备中去。额外传感器数据可以通过诸如人心脏搏动传感器、血压计等外部传感器以及能够从用户处收集多种生理数据的体域网（Body Area Network，BAN）来收集。

图 3-3　拥有潜在共享资源的移动设备

下面，我们将考虑开发分布式资源及相关应用领域的一些具体和激励的实例。我们假设移动设备以物理或逻辑方式相互连接，以支持移动设备共享资源。如果移动设备以物理方式建立连接，则使用短距离通信的可能性最大。

3.3　扬声器共享

当晶体管收音机在 20 世纪 50 年代开始流行时，年轻人喜欢一起在公园里或在沙滩上听音乐；20 世纪 80 年代，出现了一种发展马路音响的大趋势，支持文化青年在街上跳舞。便携式音乐播放器的到来，随身听引领的时代，使得音乐欣赏成为一种真正的个人体验，而不是一种社会体验，正如过去几十年的情形一样。如今，人们再次使用手机大声播放音乐，尤其是在青少年中间。即使音质最多只能算不错，人们（主要又是年轻人）一起享受音乐，而不是被耳机孤立。社会共享在娱乐之上增加了一个新维度：作为群体进行共享和享受。用户不是只使用配置有一个小扬声器的手机来播放音乐，而是将多个移动设备的扬声器集中起来，并由虚拟多源扬声器来播放音乐，如图3-4所示。通过使用多个扬声器，音效体验变得更好。例如，可以创造出一种更加丰富的音频体验，产生立体或3D效果。由于考虑到声波传播速度的原因，移动设备之间的距离是有限的。根据文献［1-3］，针对音频或音乐，人耳对来自两种不同声源的两个信号到达时间差可容忍的上限分别是50ms或100ms。文献［2］表明信号振幅几乎不会产生任何影响。由于声波传播速度和时延容限的原因，如果我们考虑一群人听音乐的情形，则移动设备应该在30m的范围内，这样声音听起来比较合理，同理我们应当记住短距离通信范围。共享扬声器是资源合并的一个实例，因为组合效果不仅增加了声音的强度，而且在空域中生成了一种新功能。

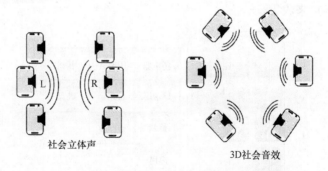

社会立体声　　　　　　　　3D社会音效

图3-4　用于创造社会立体声和3D社会音效的扬声器共享

3.4　传声器共享

不同用户的传声器也可以采用合并多个扬声器以产生时空效果的相同方式进行共享。在图3-5中，几种移动设备对现场音乐会的音乐进行录制。由于手机被不同噪声源所包围，因而其传声器感知到的音乐相同，但噪声信号不同。与其他因素相比，传声器接收噪声的相关程度将主要取决于移动设备之间的距离。对这些录制的音频流进行合并，将会改善信噪比（Signal to Noise Ratio，SNR），因而在将信号进行正确合并后，感知到的音乐质量也会大大提高。可用音频源越多，音频质量会变得越好。另一个应用领域是用于解决鸡尾酒会问题。当其他人都在谈论时，人类仍能专注于宴会上的单次会话[4]。我们将这一现象称为选择性倾听。一些老人丧失了这种能力。为了恢复专注于希望讨论的可能性，可以使用不同手机上的所有传声器，来实现对音频信号的分离。我们将这种做法的技术背景称为盲源分离，文献［5］给出了一些非常有见地的实例。也可以使用多个传声器来检测某个房间内人们的位置。移动云提供了一个基于社会交往、用于实现音响波束形成的平台。在该平台上，人们利用空间滤波开发出多种不同的应用。如上所述，传声器共享是资源合并的一个实例。

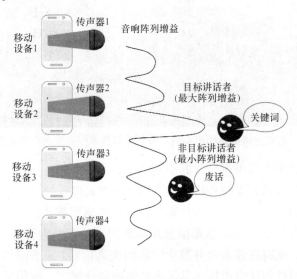

图 3-5　在移动云上合并传声器

3.5　图像传感器共享

目前，几乎所有手机都有一个内置相机。即使是入门级设备也带有基本的相机，高级设备拥有高分辨率的、与顶级光学器件相匹配的传感器，它能够产生高质量图像（如诺基亚 808 纯视图模型采用了 4100 万像素的传感器）。但是，我们可以通过共享来自多台设备的相机传感器，来提升拍摄照片或视频时的用户体验。在摄影本身刚刚发明不久，人们开始引入立体摄影。1838 年，查尔斯·惠斯通在文献［6］中，发表了他在立体摄影领域的最新研究成果；1849 年，大卫·布鲁斯特爵士发明了第一部商用相机。图 3-6 中给出了来自柏林技术博物馆的一个实例。但是，虽然后来在 20 世纪 50 年代和 20 世纪 80 年代，3D 图像非常流行，但是所有这些照片都是由使用单一点击完成的同类相机完成的。在文献［7］中，保罗·库尔顿阐明了手机如何采用这种技术，来执行两次具有 3D 效果的拍摄。

可以采用不同方式对相机传感器进行组合，这取决于如何使用有关相机的镜头来观察目标图像。正如图 3-6 所示的立体相机情形，不同相机可能指向同一图像，或者在音乐演唱会上使用自己相机对准舞台的用户。此外，相机可以朝向不同方

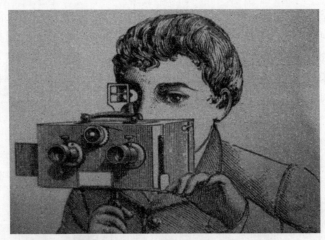

图 3-6　老式立体摄影相机实例。得到柏林技术博物馆的许可复制照片

位，并因此获得后期可以进行合并的不同图像。

通常情况下，移动云支持相机传感器以多种方式进行共享，实现各种用途。图3-7 描述了移动云的一个实例，其中节点的图像传感器被指向一个共同目标对象。根据不同原则，人们可以对传感器信息加以利用。并行像素合并（图 3-7a）是指场景的并行扫描，此时逐像素合并发生，从而提高信噪比。图 3-7b 描述了如何提高分辨率。可以通过创建虚拟传感器的方法来提高分辨率，该传感器的感知区等于共享传感器的合并区域。图 3-7c 考虑了通过从不同角度指向目标对象来实现空间处理的情况。最后，图 3-7d 给出了利用分布式传感器来补偿传感器运动的情形。例如，由手抖动带来的相机抖动进而造成非理想化传感器运动，会导致模糊静态图片或令人讨厌的不稳定视频。因为不同设备上的传感器运动模式在很大程度上是不相关的，因而合并云传感器图像可用于补偿运动带来的不良影响。

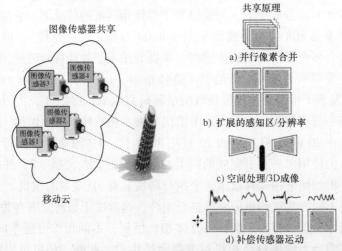

图 3-7　移动云中图像传感器共享的不同原理

3.6 显示屏共享

当用户喜欢聚在一起欣赏音乐时，他们可能也想在一起观看电影或图片。为了获得更大的屏幕，手机用户可以简单地将自身移动设备的屏幕组合起来。最简单的方法是使用具有相同形状因子的设备，来创建单一的显示屏。通常，这一想法并不新颖，因为在 20 世纪 70 年代，人们已经开始在标准的电视机中使用显示屏栅格。但在这里，我们将该想法扩展到移动设备。图 3-8 描述了我们所讨论的方法。4 部手机彼此相互编组。为了确保实现简单，我们假定 4 部移动设备具有相同的形状因子。发送设备只需知道汇集屏幕的数量，并能随机分发内容。需要由用户来重新排列屏幕，以便得到正确的图像。具有不同形状因子和各种不同可能位置的屏幕合并可能更具挑战性。

图 3-8 显示屏聚合：4 个屏幕连接成 1 个

将来自不同移动设备的、指向某个场景不同部分的相机传感器汇集在一起，也可以形成有趣的显示屏聚合方案。现代移动设备不仅能够记录照片拍摄的位置和时间，而且学可以记录相机指向的方位以及相机的附加设置。这支持更高质量或更大尺寸图片的创建，如图 3-9 所示，我们将 6 个相机拍摄的快照合并为 1 个。我们将这一概念称为旋转镜头，可用在当今一些智能手机上，即使是针对单一用户。将不同用户的多张照片组合起来具有更大的潜力。首先，将几乎同一时间同一位置针对同一目标的图像集中起来，支持对图像进行处理，以去除阻塞或不想要的对象（如穿越的人像）。其次，拍摄的每张照片都可以链接到不同场合所拍的同一目标的图片，允许用户对一天中不同时间、一年中 4 个不同季节等特定场景进行观察。

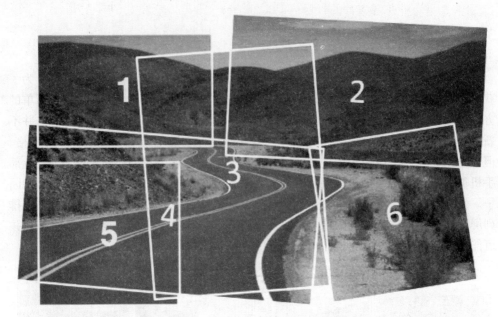

图3-9   显示屏聚合：对6部不同相机拍摄的照片进行合并

3.7   通用传感器共享

手机配备有大量的通用传感器。可以对传感器数据进行共享或合并，以服务于不同应用领域。假定两台移动设备通过短距离技术建立连接，则低成本设备可以向拥有 GPS 或其他传感信息的更高级设备请求位置信息。即使两台设备都拥有全球定位系统，一台设备可能位于室内，此时 GPS 无法工作，因而必须向位于室外、具有完全覆盖 GPS 的设备请求位置信息，这进一步强调了共享的理念。针对由若干台设备采集温度或获取流量的情形来说，对传感器数据进行聚合是行得通的。如前所述，预计越来越多的传感器将在未来被集成到移动设备中。用户还可以形成移动云，以达到收集与某些可测量参数（如温度、污染程度等）有关信息的目标。这充分考虑了创建实时二维曲线问题，该曲线用于显示特定相关参数是如何分布的。这些信息可以随时提供给主管部门和用户自身使用。群体或社会感知可能会跨城市或者在更有限的空间（如建筑物内）中发生。

3.8   键盘共享

键盘功能与设备形状因子多少有点关系。因此，我们的思路是在移动云中使用所有可用设备的最佳可能键盘，并将它们与其他设备的键盘功能结合起来。例如，用户可以使用 iPad 键盘来编辑文本消息，我们能够以无线方式将其发送给目标手机。这使得用户不必使用手机上的键盘，对于某些用户或设备来说，直接使用键盘编辑消息是一件非常痛苦的事情。此类资源聚合最有可能发生在属于同一用户的设备上。除了写入键盘，其他触摸屏能够以物理方式进行组合，以生成一个面积更大的触摸屏。举例来说，我们可以采用串行方式，将移动设备接连排列起来，以重新生成类似钢琴或合成器的长键盘。通过放置移动设备，还可以模拟电子鼓组的分布式触摸感应垫。图 3-10 描述了键盘共享可能采用的方法。在图 3-10a 中，小外形设备从大设备处借用其大键盘功能。图 3-10b 给出了一种通过使用两台相邻放置移动设备的触摸屏显示器实现键盘扩展的情形。图 3-10c 给出了由 4 台移动设备构成的 4 组共 32 键的键盘。

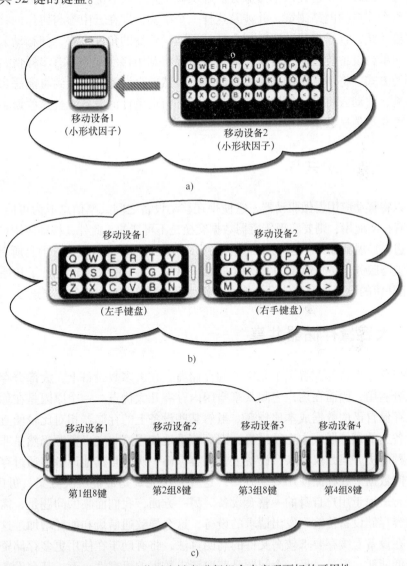

图 3-10　通过对若干个键盘进行组合来实现更好的可用性

a）键盘借用　b）键盘扩展/聚合　c）音乐键盘扩展/聚合

3.9 数据管道共享

正如前面几个实例中所指出的那样，单个数据速率的捆绑是一种可能的应用领域。迄今为止，大多数实例都假定移动设备之间采用短距离通信链路，且数据速率捆绑重点关注蜂窝数据连接。使用的实例只考虑提供组播业务的下行链路场景。然而，这一理念并不仅仅局限于组播服务，即使这些运行场景将提供最大可能的增益。通过资源共享，也提供单播服务。在文献［8］中，我们已经表明，数据聚合可用于单个用户的网站浏览，并涉及这样一个事实，即在云中参与协作的移动设备有时不够活跃，且乐意帮助活跃用户。从网络运营商的角度来看，向移动云传送信息要比向单台设备传送信息容易得多。云最终将利用移动云的固有多样性，以尽可能最好的方式，将消息传送到最终目的地。虽然单台设备极易受到可能恶劣信道条件的影响，移动云将有可能拥有一些具有良好信道条件的设备，且这些设备随后将被用于可靠地传送数据。

3.10 移动应用共享

可以将移动应用看做驱动器，它使得在移动设备之间共享信息成为可能。例如，如果没有移动应用，则要实现传感器数据交换是不可能的。此外，移动应用可以跨移动设备边界扩展其服务。这一思路是移动应用仅运行于单台设备上，但是所有连接设备都可参与服务。一个简单的实例就是纸牌游戏，其中中央逻辑运行于初始化设备（即应用驻留的设备）及其他设备将通过移动网站浏览器来与服务建立连接。

3.11 大容量存储器共享

现代移动设备都配置了千兆字节的存储器，在大多数设备上，大部分存储器未得到充分利用，因而在用户之间共享空闲内存有几大优点。一个原因是在你的所有设备上存储自己的数据成本比较高。虽然某些设备上的存储器相对比较便宜，但是其他设备上的存储器成本比较昂贵，因而慎重地使用这一宝贵资源仍然是非常明智的。一种解决方案是仅在某台设备上将内容存储一次，且其他设备将通过存储占有者来访问数据。在存储使用效率方面，这种方法无疑是最优解决方案。毋庸置疑，这一理念适用于用户自身的一整套设备。另一方面，我们面临的问题是，需要将内容从内容存储设备传输到发出请求的设备，这会导致通信量和能耗增加。这里，一种用于在设备上缓存要求较高文件的高明算法，将有助于在使用更多存储资源的代价下降低能耗。但是，另一个问题是获取请求数据的可靠性，万一某台设备死机或不再可用（被盗或损坏）。正如我们将在本书后面所看到的，可以采用不同方式在多台设备上分发自己的内容，且不一定是自己的设备，从而增加了可靠性，提高了安全性，并将存储资源的使用量降到最低。在图 3-11 中，针对携带 34% 数据的 4 台移动设备给出了对应的方法。诸如设置将足够鲁棒，以确保当一台服务器出现故障后，仍然可以获取请求数据。如果采取智能方式对数据进行编码，则任何一组 3 台服务器都能重新生成完整的数据。

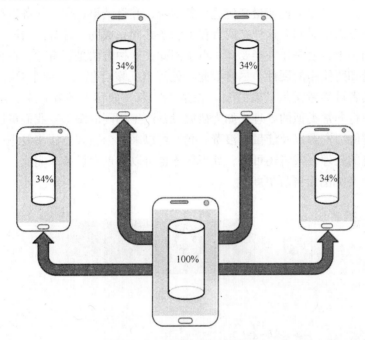

图 3-11　针对一台服务器出现故障的情况，分布式存储是非常鲁棒的

稍后我们将看到，这种方法的性能会随着愿意共享其资源的设备数量增加而提高。在这一点上，我们正在寻找更多证据来印证这种说法。然而，移动设备之间传输数据的能耗问题仍然存在，需要认真加以考虑。需要注意的是，在某些情况下，可靠性可能是共享大容量存储器的主要目标，且目标将是跨越移动云的不同大容量存储单元来分发相同信息。当然，要实现这一目标，内存需求更大，能耗成本更高。

3.12　处理单元共享

今天的手机内置有多个功能强大的处理单元。然而，对于某些任务来说，处理单元的功率可能不够大，将附近的处理单元集中起来可能是走出这种困境的一种方法。即使处理功率足够大，考虑到能量因素，共享处理单元仍然是非常有益的。正如文献［9，10］中所描述的，处理单元的功率电平与时钟频率的平方成正比。记住某一任务的时延限制条件，与图 3-12 中所示的独立设备相比，共同完成同一任务的移动设备将仅使用一半的功率电平（移动设备贡献 1/4）和一半的能量（因为对于这两种方法来说，时延是相同的）。为了利用这一特征，处理单元需要一种扩展处理能力的可能性。支持这一理念的一种方法被称为动态电压调节（Dynamic Voltage Scaling，DVS）。为了公平起见，分布式方法的缺点是需要将任务分开，且为了交换任务，需要消耗能量来传达任务本身，并将结果返回到任务发起设备。此外，分发任务需要时间，这样在两台移动设备共同完成同一任务的情况下，时钟频率不会降到一半，而是比一半要高一点。因此，这种方法是否有益，在很大程度上取决于情景和所使用的硬件。尽管如此，处理单元聚合仍是一种非常有趣的方法。感兴趣的读者可参考文献［9，10］。在某些情形（如移动游戏）中，用户的移动设备可以执行非常类似的处理，如为播放设备产生相同的图形。我们可以将其看作是一种处理能力资源以及能量的浪费。我们可以采用分布式方法将处理单元连接起来进行信息的处理，或者还可以，处理任务也可以由单台设备来完成，并向其他设备发送更新（如图形屏幕更新）。

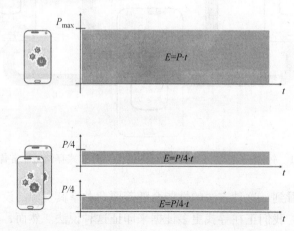

图3-12　在采用动态电压调节的情况下，单个 CPU 与
使用一半能源的协作双核之间的比较

3.13　电池共享

电池聚合反映了更慎重地使用单台设备能源、能效更高的特定方法。术语电池聚合可能会使人们产生误解，因为在这些设备之间不存在实际 Joules 交换，但是任务在这些移动设备之间进行分发。云的每个移动节点都有电池，其特点可用电量和当前充电状态（剩余电量）来表征。所有这些能量资源都是移动云不可分割的一部分，且从云的角度来看，能够采取极其便捷的方式加以使用。与具有低能源储备

的设备相比，具有更多可用板载能源的设备在使用时可以更为慷慨。这是移动云的优势之一，即能够提供能源的其他用户可以机会地协助用户。

这里介绍的一些资源共享方法与电池概念关联度不大，但从电池使用的角度来看，他们仍然是有益的。例如，GPS 的使用是非常耗能的。因此，对当前位置感兴趣的手机可以仅通过附近的近距离设备询问这些设备最近是否收到 GPS 位置信息，并从该邻居处获取位置信息，而不是开启自己的 GPS 设备。另一个实例是研究信令问题。如果不共享资源，所有移动设备将不得不维护其自身的信令信道。大多数手机都只是躺在身边，等待来电或数据输入。这样的基础监测任务会消耗大量能源。在这种情况下，可以将手机组合在一起，并安装看门狗程序。看门狗程序将主动监测当前信号，不仅为自己，而且也为其邻居。看门狗程序不再跟踪信令，在睡眠或空闲模式下能够节省能量。如果看门狗监测到信令消息传入，则它们将采用接近技术（如 NFC）或通过低能量蓝牙技术发送消息，来唤醒专用邻居。

3.14 结论

在本章中，我们介绍了大量可能的移动云应用。资源共享支持移动云创造更好的甚至全新的服务。在未来，可以与即将出现的其他人实现新资源的共享，但即使这里列出的资源也已经强调了移动云的潜力。

参 考 文 献

[1] J. Blauert. *Spatial Hearing – The Psychophysics of Human Sound Localization*. MIT Press, Cambridge, Massachusetts, 1983 and 1997.

[2] H. Haas. The Influence of a Single Echo on the Audibility of Speech. *Journal of the Audio Engineering Society*, 20(2):146–159, 1972.

[3] R.Y. Litovsky, H.S. Colburn, W.A. Yost and S.J. Guzman. The Precedence Effect. *The Journal of the Acoustical Society of America*, 106, 199.

[4] E.M. Zion Golumbic, N. Ding, S. Bickel, P. Lakatos, C.A. Schevon, G.M. McKhann, R.R. Goodman, R. Emerson, J.Z. Simon, A.D. Mehta, D. Poeppel and C.E. Schroeder. Mechanisms underlying Selective Neuronal Tracking of Attended Speech at a Cocktail Party. *Neuron*, 77(5):980–991, 2013.

[5] T.W. Lee. Web page on blind source separation. http://cnl.salk.edu/~tewon/Blind/blind_audio.html.

[6] C. Wheatstone. Contributions to the Physiology of Vision. Part the first. On some Remarkable, and hitherto Unobserved, Phenomena of binocular vision. *Philosophical Transactions of the Royal Society of London*, 128:371–394, 1838.

[7] F. Chehimi, P. Coulton and R. Edwards. Advances in 3D Graphics for Smartphones. *Information and Communication Technologies – ICTTA '06. 2nd. IEEE*, pages 99–104, 2006.

[8] G.P. Perrucci, F.H.P. Fitzek, Q. Zhang and M. Katz. Cooperative Mobile Web Browsing. *EURASIP Journal on Wireless Communications and Networking*, 2009.

[9] A. Brodlos, F.H.P. Fitzek and P. Koch. Energy Aware Computing in Cooperative Wireless Networks. In *Cooperative Networks, WirelessCom 2005*, volume 1, pages 16–21, Maui, Hawaii, USA, June 2005.

[10] A. Brodlos, F.H.P. Fitzek and P. Koch. Evaluation of Cooperative Task Computing for Energy Aware Wireless Networks. In *International Workshop on Wireless Ad-Hoc Networking (IWWAN) 2005*, London, UK, May 2005.

第 2 部分

移动云的支撑技术

第 4 章　无线通信技术

> 无线电报不难理解。普通电报就像一只很长的猫。你在纽约拉它的尾巴，它在洛杉矶发出叫声。无线通信也是如此，只是它不需要猫。
>
> ——归功于艾伯特·爱因斯坦

在本章中，我们简要描述了无线和移动技术以及需要形成移动云的分支网络。我们将讨论两种类型的通信方法，即蜂窝和短距离技术。这些系统的能力和限制条件将决定分支网络的协作方式，且将最终决定移动云的性能。

4.1　引言

移动设备上集成有多种类型的无线技术，它们可用于构建移动云。在下面各节中，我们将对这些移动和无线通信技术进行简要介绍。重点放在蜂窝和短距离通信技术上。移动和无线通信技术中演变遵循不同的发展路径，有时也被分别称为移动或蜂窝路径和无线路径。首先，我们将讨论蜂窝演进路径，介绍移动通信时代的关键代表性技术。其次，我们将介绍无线局域网（WLAN）或无线保真（Wi-Fi）技术，即 IEEE 802.11 的不同版本和蓝牙技术。图 4-1 描述了不同移动和无线通信技术支持的数据速率与通信范围。图中给出了诸如 GSM（Global System for Mobile Communication，全球移动通信系统）、CSD（Circuit Switched Data，电路交换数据）、GPRS（General Packet Radio Service，通用分组无线业务）等 2G 技术，诸如 UMTS（Universal Mobile Telecommunications System，通用移动通信系统）/HSDPA（High Speed Downlink Packet Access，高速下行链路分组接入）等 3G 技术，以及诸如 WiMAX（Worldwide Interoperability for Microwave Access，全球微波接入互操作性）、LTE（Long Term Evolution，长期演进）、HSPA+、LTE-A 等 4G 技术。我们将在下面各节中进一步阐释这些技术。我们可以采用两种技术（即蜂窝和短程通信）来构建移动云。这些技术工作于不同频段，且在频率使用方面我们可以称之为正交的。在本章的结尾，我们也将研究未来的技术，其中指向覆盖网络的连接和指向协作网络的连接工作在同一频段。高级长期演进（LTE-A）是一种蜂窝系统，通过提供通信所需的资源，它支持设备到设备的通信。

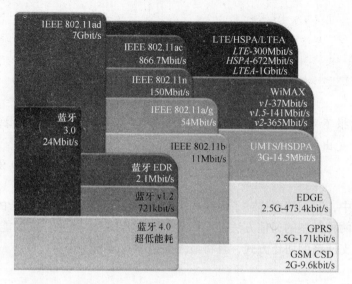

图 4-1　无线和移动技术支持的数据速率和典型通信范围

4.2　蜂窝通信系统

　　蜂窝技术在不同时代（从 1G 到 4G）经历了一条漫长而非常成功的演进路径，旨在为移动用户提供越来越高的数据速率支持。第一代移动通信系统（1G）采用模拟传输方案且无意支持数据连接，之后数字时代从第二代移动通信系统（2G）开始。2G 时代的主流技术是 GSM（Global System for Mobile Communications，全球移动通信系统）。最初的 GSM 代表移动特别小组（Group Special Mobile），因为它是一个欧洲的倡议。GSM 实现了全球普及，而竞争技术（如 IS-95、cdmaOne 或 cdma2000）仅限于某些国家使用。GSM 中使用的带宽为 200kHz，且第一批数据连接所支持的速率为 9.6kbit/s。这一数据速率可以通过使用一条语音信道来实现，我们称其为电路交换数据（Circuit Switched Data，CSD）。当我们用今天的眼光来看时，数据速率低得离谱。但是，在 20 世纪 90 年代，语音通话是主要业务，且能够提供安全性和移动性。通过切换到数字通信已经实现了安全性，且当时 GSM 技术成本非常昂贵。需要移动性来支持客户在欧洲许多国家进行漫游。随着数据业务变得越来越重要，GSM 标准支持采用不同技术来提高支持的数据速率。第一个改进是引入了高速电路交换数据（High Speed Circuit Switched Data，HSCSD）。HSCSD 将每条可用信道的数据速率提高到 14.4kbit/s，最多支持 4 个信道进行信道捆绑，从而使得最大数据速率达到 57.6kbit/s。下一个演进步骤是引入通用分组无线业务（GPRS），将其作为 CSD 和 HSCSD 的扩展方案。我们将 GPRS 和已经可用的 HSCSD 称为 2.5G 技术，可以将其看作是向下一个演进步骤（即 3G 网络）发展的第一步。与 HSCSD 中的情形类似，GPRS 利用捆绑技术来提高数据速率，但对于 GPRS 来说，它最多支持 8 个信道进行捆绑。此外，GPRS 定义了 4 种不同编码方案（Coding Scheme，CS）。如果可以捆绑 8 个时隙，使用 4 种不同编码方案，则存在 32 种不同数据传输速率，如表 4-1 所示。

表 4-1　GPRS 数据速率　　　　　　　　（单位：kbit/s）

电路交换类型	1	2	3	4	5	6	7	8
CS1	9.05	18.10	27.15	36.20	45.25	54.30	63.35	72.20
CS2	13.40	26.80	40.20	53.60	67.00	80.40	93.80	107.20
CS3	15.60	31.20	46.80	62.40	78.00	93.60	109.20	124.80
CS4	21.40	42.80	64.20	85.60	107.00	128.40	149.80	171.20

对于不同编码方案和信道捆绑来说，GPRS 技术支持的数据速率通过在 GSM 蜂窝中捆绑 TDMA（Time Division Multiple Access，时分多址）时隙，它实际能够提供的数据传输速率为 40~50kbit/s 之间（理论值为 171.2kbit/s）。从 Release 97 以及后续版本开始，GPRS 成为 GSM 的一部分。与采用电路交换的 CSD 和 HSCSD 相比，GPRS 已经采用了分组交换，并支持用户始终处于开机状态。电路交换和分组交换之间的主要区别在于，在第一种情况下，包含通信路径和所使用的资源是为一组通信伙伴预留的，而在后一种情况下，通信流量被打包到一个信息容器中，并通过通信对之间不同的可能路径进行发送。蜂窝中的所有 GPRS 用户之间共享可用的 GPRS 带宽，其中语音服务的优先级最高，因而无法提供服务质量（Quality of Service，QoS）保证。对于电子邮件（Electronic mail，E-mail）服务和网站浏览来说，GPRS 的数据传输速率足以胜任。2000 年初，GSM 演进增强数据速率（Enhanced Data rates for Global Evolution，EDGE）或增强型通用分组无线业务（Enhanced General Packet Radio Service，EGPRS）将数据传输速率提高到 473.6kbit/s。通过采用支持每条信道 59.2kbit/s 的八进制相移键控（8-Phase Shift Keying，8-PSK）调制的 5 种模式，对 GPRS 中使用的高斯滤波最小频移键控（Gaussian Minimum Shift Keying，GMSK）调制进行扩展，可以实现高数据速率。后来，引入了 EDGE 演进，将数据传输速率提高到 1.6Mbit/s。

通过采用通用移动通信系统（UMTS），人们引入了第三代移动通信系统（3G）。3G 技术基于宽带码分多址（Wideband Code Division Multiple Access，WCDMA），并将其作为基础标准。UMTS 标准是由 3GPP（Third Generation Partnership Project，第三代协作项目）组织制定的，使用高速下行链路分组接入（High Speed Downlink Packet Access，HSDPA），可以提供将近 14Mbit/s 的数据传输速率。数据速率提升的实现，主要得益于带宽从 GSM 的 200kHz 提高到 UMTS 的 5MHz。

在第四代移动通信系统（4G）领域，人们提出了两种竞争技术，即由 WiMAX 论坛提出的全球微波接入互操作性（WiMAX）和 3GPP 组织提出的长期演进（LTE）。

这两种方法都采用OFDM（Orthogonal Frequency Division Multiplexing，正交频分复用）技术和包括多种MIMO（多输入多输出）技术方法在内的高级天线技术，旨在提供数百Mbit/s的数据速率。LTE使用100MHz的带宽。同时，通过使用40MHz带宽的改进型高速分组接入方案（即HSPA +），数据速率可以达到672Mbit/s。

从图4-1可以看出，在过去20年中，数据速率从9.6kbit/s增加至1Gbit/s，增加幅度高达惊人的100000倍。需要采用蜂窝技术为云中的每台移动设备在移动中提供连接，将属于不同云的移动用户连接起来，并将其作为向移动云播种信息的一种手段。

4.3 短距离通信技术

在分析完蜂窝通信技术之后，我们这里介绍蓝牙和Wi-Fi（IEEE 802.11）的基本概念。即使存在着大量其他短距离技术，这里我们也主要研究在当前大多数移动设备上得到广泛应用的这两种技术。虽然蓝牙是目前移动设备（功能手机和智能手机）上应用最广泛的短距离通信技术，但是IEEE 802.11正在更高级的移动设备（如智能手机）上打破这一局面。

4.3.1 蓝牙

蓝牙是一种工作在2.4GHz频段的无线技术。我们经常称其为短距离通信技术，因为与蜂窝系统相比，其通信范围相对较小。通信范围是由蓝牙模块的功率等级确定的。蓝牙模块存在着三种不同的功率类型，即1类、2类和3类。1类设备的通信范围可达100m，而2类和3类设备的通信范围分别限制在10m或不到1m的数量类内。大多数移动设备属于2类，而蓝牙接入点属于1类。蓝牙系统由一个射频/基带部分和一个软件栈构成。最初，蓝牙是作为电缆的替代品出现的。蓝牙的首类应用可以描述为将个人计算机和笔记本电脑与打印机连接起来。随着时间的推移，人们针对蓝牙开发出更广泛的应用范围。蓝牙简化了诸如耳机或GPS模块等无线外围设备的连接过程。此外，蓝牙提供了不同的通信配置文件，用于定义在给定时间可以支持哪类服务。语音配置文件适用于连接到手机的耳机，而LAN（Local Area Network，局域网）配置文件适用于IP流量的两个对等体之间的数据通信。在蓝牙技术发展初期，一台设备仅能支持一种配置文件，而在当下，如果不是所有设备都支持多种配置文件，则可以说大多数设备都支持多种配置文件。例如，当手机同时与耳机和PDA（Personal Digital Assistant，个人数字助理）建立连接时，就需要手机支持多种配置文件。选择PDA上的手机号码，通过手机建立呼叫，且通过耳机进行交谈只有在使用多配置文件的蓝牙芯片组时才有可能。最初，蓝牙芯片组被标榜为BOM（Bill of Materials，物料清单）成本仅为5美元的技术。遗憾的是，如果小批量购买，则目前的芯片组成本大约30美元。即使大批量购买，5美元的阈值也无法实现。蓝牙通信通常发生在 1 台主设备和至少 1 台、至多 7 台有源从设备之间。所有设备都通过且仅能通过主设备进行连接。这里所列出的数字主要针对有源设备。由于主设备能够使设备停止工作，因而从理论上讲，主设备可以与更多设备建立连接，但是处于工作状态的通信伙伴数不能超过 7 台有源设备。考虑到这种架构，从设备之间不能直接实现相互通信，主要依赖于主设备来中继信息。需要指出的是，只有点到点的通信是可能的，因而对于从设备来说，排除了广播和组播通信。一些蓝牙实现方案支持主设备将信息同时向所有从设备进行广播。为了发现附近的其他蓝牙设备，每台设备都可以启动一种服务发现过程。服务发现将搜索附近的其他设备，并将其划分为手机、个人计算机、耳机等。一旦这些设备被发现，则可以对它们进行配对。也就是说，启动批准设备成为通信伙伴的过程。当蓝牙设备大量存在时，搜索过程可能需要相当长的时间。如果周边存在十余台设备，则要发现所有相邻设备可能需要数分钟。蓝牙设备具备支持 3 条同步或 8 条异步通信信道的能力。同步信道大多用于语音业务，而异步信道主要用于数据通信。由于我们在本书中主要使用数据连接，因而我们将对异步信道进行更为详尽的描述。由于蓝牙技术工作在 2.4GHz 频段，因而当其他无线通信设备存在时，它可以采用跳频技术和开放 ISM（Industrial Scientific Medical，工业、科学和医疗）频段，来避免通信链路出现差错。媒体接入采用的是时分多址（TDMA）方式，此时信道被分成长度为 0.625ms 的时隙。每当一台设备向另一台设备传输信息时，在下一个时隙中需要对成功接收到的信息进行确认。在非平衡数据传输（如将照片从一台设备发送到另一台设备）的情况下，一台设备发送数据，而另一台设备稍后发回确认消息。由于确认消息占用了一个完整的时隙，因而这一过程效率不高。为了提高效率，设备可以对 3 或 5 个时隙进行捆绑，并使用 1 个时隙来发送确认消息。此外，蓝牙具有通过使用前向纠错（Forward Error Correction，FEC）信息来保护数据的选项。我们将那些使用 FEC 信息的数据包称为 DM（Data Multiplexer，数据多路复用器）数据包，而将那些不使用 FEC 信息的数据包称为 DH（Data-High Rate，高数据速率）数据包。每种数据包类型可以使用 1 个、3 个或 5 个时隙，从而形成 6 种不同数据包类型，即 DM1、DH1、DM3、DH3、DM5 和 DH5。使用 DM 数据包还是使用 DH 数据包主要取决于信号质量。DH 数据包提供的容量比 DM 数据包大，但当这些数据包丢失因而无法得到确认时，可能需要对其进行频繁重传。通常情况下，DM 数据包适用于非常容易出错的无线媒体。然而，最近的研究成果表明，DH 数据包都或多或少具有与 DM 数据包类似的鲁棒性。这主要归功于电路设计的发展，特别是发射机/接收机灵敏度方面所做的改进。标准蓝牙技术提供的数据速率高达 721kbit/s。使用增强型数据速率（EDR）技术，数据速率最高可达 2.1Mbit/s，如图 4-1 所示。最近，业界相继引入蓝牙 v3 和蓝牙 v4。蓝牙 v3 旨在提供更高的数据速率（高达 24Mbit/s），而蓝牙 v4 设计用于实现超低能耗。蓝牙 v3 谈不上是真正的演进步骤，且目前已经可用的实现方案并不多。蓝牙 v3 确实在自身蓝牙技术中采用了连接握手协议，但高速数据传输是在 IEEE 802.11 链路上实现的。另一方面，蓝牙 v4 的目标并非实现更高的数据速率，而是仅仅支持设备之间的连接能够像钟表一样具有较长的工作时间。当初，还有一个蓝牙版本，旨在通过采用超宽带（Ultra Wide Band，UWB）技术，支持高达 400Mbit/s 的数据速率。但是，此项技术从未进入生产线。

采用蓝牙技术来形成移动云不是最优的，因为在拓扑方面存在诸多限制条件。事实上，主设备和从设备的这种连接设置非常容易受到拓扑变化（如某个节点离开蜂窝）的影响。此外，在过去 10 年中，数据速率并未增加，构建移动云的潜在收益变得越来越小。详情读者可参阅第 9 章，蜂窝数据速率与短距离数据速率之比会对移动云的性能产生巨大影响。因此，正如我们将在下一节中所描述的，移动云更适合采用 IEEE802.11 技术。

4.3.2 IEEE 802.11

针对短距离无线通信网络，IEEE 802.11 定义了一系列被称为无线局域网（WLAN）的标准（参见文献 [1]）。IEEE 802.11 系列标准基于媒体接入协议和不同的物理层实现方案。在其初始阶段，IEEE 802.11 在物理层拥有三种实现形式，即直接序列扩频（Direct Sequence Spreading，DS）、跳频（Frequency Hopping，FH）和扩散红外（Infra-Red，IR）。因为红外仅局限于视距通信，且跳频在那个时间点上实现复杂性要高于直接序列扩频，所以在用所有芯片组都采用而且将继续采用直接序列扩频。跳频和直接序列扩频开发的初衷并非用于实现媒体接入，而是用于降低多径干扰（Multi-path Interference，MPI）。首个直接序列扩频实现方案提供的数据速率高达 1Mbit/s 或 2Mbit/s，工作在 2.4GHz 频段。随后不久，人们引入 IEEE 802.11，它提供的数据速率高达 11Mbit/s。可以使用 3 条完全正交的信道来避免干扰邻居。由于 2.4GHz 频段开始变得拥挤，人们引入了工作于 5GHz 频段的 IEEE802.11a。现在，更多的正交信道变得可用（取决于所在地区，在室内应用场景中，正交信道多达 12 条），支持的数据传输速率高达 54Mbit/s。除了频段从 2.4GHz 到 5GHz 的变化之外，IEEE 802.11a 采用 OFDM 技术来提高频谱效率。由于研究成果表明，OFDM 技术比直接序列扩频技术具有更大优势，因而人们引入了采用 OFDM、同样工作于 2.4GHz 频段的 IEEE 802.11g。由于 IEEE 802.11b 和 IEEE 802.11g 都工作于同一频段，且采用相同的 MAC（Medium Access Control，媒体接入控制）协议，因而目前通常在相同芯片组上实现这两种技术。对于 IEEE 802.11a 和 IEEE 802.11g 来说，最大数据速率可以达到 54Mbit/s，仅当通信站在其通信链路上具有高信噪比（SNR）。粗略地讲，当通信站之间的距离变大时，信噪比降低。其他因素（如阴影、多径、干扰等）也发挥了重要作用，但为简单起见，我们主要是考虑距离因素。根据主要的 SNR 值，通信站将对其调制和编码方案进行调整。因此，当信噪比较低时，数据速率不断降低，这反过来又取决于通信站之间的距离。

　　为了支撑后续章节的发展，下一步我们重点关注分布式协调功能（Distributed Coordination Function，DCF）中 IEEE 802.11n 的媒体接入控制（Medium Access Control，MAC）协议。MAC 协议基于载波监听多点接入/冲突避免（Carrier Sense Multiple Access with Collision Avoidance，CSMA/CA）。这意味着所有参与的通信站通过对媒体进行检测，来理解它是否已经处于繁忙状态。如果媒体被占用，则检测站将不发送信息，以避免冲突。如果超过一个通信站在使用无线媒体，则会发生冲突现象，此时发送方将接收到多个叠加的信号，从而使得发送方无法成功进行解码。每当检测到媒体处于空闲状态时，通信站将准备通过媒体发送信息。由于还可能存在其他等待使用媒体的通信站，每个通信站必须在发送信息等待一定的时间。那些等待时间依通信站的不同而不同。等待时间最短的通信站首先发送信息。目前，媒体繁忙再次与其他站将在这个点冻结在时间等待下一个空闲周期来。目前，通信站再次处于繁忙状态，其他通信站在这一点上不工作，而只是等待下一个空闲周期的到来。当通信站发送数据包时，它将等待来自对方通信设备的确认消息。如果没有收到确认消息，则通信站将假定先前的数据传输经历了与至少另一个通信站发生冲突。当两个或多个通信站拥有相同的随机计时器时，这种冲突仍然可能发生。在这种情况下，下一个数据包的等待时间将增加一倍，从而产生更多的时间分集。与蓝牙技术相比，信道的时隙是不相等的。只要通信站需要通过媒体来发送数据包，则通信站就将占用媒体。占用时间取决于数据包的长度以及所支持的数据速率。除了发送时间之外，还需要将用于发送确认信息所花费的时间考虑在内。在发送信息和收到确认信息之间，媒体存在一小段不被使用的时间。为避免出现其他通信站在那些暂停间隔内开始传输数据，IEEE 802.11 引入了不同的定时器。负责发送确认信息的通信站将在接收数据包后立即接入媒体。其他通信站将需要等待更长的时间，当该定时器超时后，确认信息已经在传输过程中，且制止其他通信站接入媒体。

　　由于冲突降低了通信系统的效率，因而在 IEEE 802.11 中，可采用 RTS（Ready to Send，准备发送）和 CTS（Clear to Send，取消发送）消息来避免这些潜在冲突。发送站发出 RTS 消息，来询问接收机当前是否正忙着参与发送站所不知道的其他数据传输。当接收站准备就绪时，它将发送 CTS 消息。成功接收到 CTS 消息后，发送站开始传输信息。通过使用 RTS 和 CTS 消息，相邻通信站还将获得媒体将忙碌一段时间的信息。至少不应当与那些已接收到 RTS 或 CTS 消息的通信站发生冲突。

　　在 IEEE 802.11 中，可以使用单播和广播消息。单播是两个通信站（如点到点）之间的通信，而广播描述了由一个通信站发起、由多个通信站（如点到多点）接收的通信。单播数据速率由通信双方之间的信噪比来确定。在广播通信中，数据速率应当根据包含最弱信号的链路进行设定。每当使用广播消息时，大多数 IEEE 802.11 实现方案都使用了尽可能低的数据速率，而其他实现方案则使用了最高数据速率。只有少数芯片组支持在广播情形中对数据速率进行设置。单播和多播传输的组合是机会主义倾听方法。这里，两个站采用正常单播模式进行通信，周边设备窃听此次通信。对于广播来说，这种方法具有一定优势，因为发送方至少能够接收到一条确认消息。感兴趣的读者可参阅文献［2］。

4.4 组合空中接口

迄今为止，在本章中，我们假设蜂窝和短距离通信工作于不同的频段，且不会影响对方工作。从干扰的角度来看，这是非常理想的，但缺点是存在着两种消耗电量的空中接口。正如我们将在第9章描述的那样，通过采用移动云概念，可以实现节能，即使两种空中接口都处于开启状态。但在未来，移动云可以通过一种空中接口来实现。这种方法将更加节能。在文献［3-6］中，我们已经针对认知无线电和认知网络情境中的组合空中接口提出了一些思路。主要思路是利用OFDM空中接口的灵活性，并根据服务和移动云中的协作设备数量，来为蜂窝和短距离通信动态分配OFDM副载波。在图4-2中，拥有24个副载波的独立设备（顶部）与两台设备从覆盖网络接收部分信息并通过短距离通信链路交换信息的情形进行了比较。本例中的子载波（底部）表明，覆盖网络使用的子载波数为12个，短距离链路（针对某台设备）发送方和接收方使用的子载波数都是2个。该实例表明，当前存在8个未使用的子载波，这有助于降低复杂性和能耗。

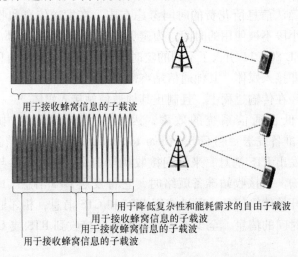

用于接收蜂窝信息的子载波

用于降低复杂性和能耗需求的自由子载波
用于接收蜂窝信息的子载波
用于接收蜂窝信息的子载波
用于接收蜂窝信息的子载波

图4-2 OFDM子载波动态分配实例与独立设备情形的比较

OFDM空中接口的复杂性由$N\log(N)$给出，其中N为使用的子载波数。假设一台移动设备需要接收N个子载波，以接收特定服务（如视频组播），问题是移动云概念将会用到多少子载波。移动云所需的子载波数取决于移动云中的设备数J以及短距离和蜂窝之间的速度增益 Z。因此，Z 描述了短距离链路比蜂窝链路快多少。由于设备到设备（Device to Device，D2D）情境中两台设备之间的距离比蜂窝链路的距离小得多，因而在直接链路上实现的数据速率要比蜂窝链路高。于是，移动云中所使用的子载波数 N_{MC} 可表示为

$$N_{MC} = N \cdot \left(\frac{1}{J} + \frac{1}{Z} \right) \tag{4-1}$$

与独立设备所需的 N 个子载波相比，移动云中的设备仅能接收到来自于覆盖网络处的部分子载波。用于接收来自于覆盖网络信息的子载波数取决于云中的协作设备数，该载波数等于 N/J。接收到的部分将被发送给移动云中的其他设备，由于短距离通信比蜂窝通信快 Z 倍，因而可使用 $N/(JZ)$ 个子载波来发送信息。由于不是所有信息都接收自覆盖网络，因而设备需要从云中其他的 $J-1$ 台设备处找回丢失的部分。由于这一原因，设备将使用 $N(J-1)/(JZ)$ 个子载波。将这 3 部分加起来，将会得到式（4-1）。

从网络运营商的角度来看，用于支持移动云的所有子载波数具有大于 N 的潜力，但使用时间非常短。如果不使用移动云的概念，则 N 个子载波将承载提供额外冗余的业务以补偿无线媒体上的潜在损失。这种冗余是随着用户数的增加而增加的。如果使用移动云概念，则额外冗余会变少，因为接收全部信息的用户越来越少。在这一点上，我们并未针对该问题给出完整的性能评估（因为它与实际移动云中采用不同数量的用户进行格式化处理后的云的数量有关）。

同时，我们还设想了在 LTE-A 中工作于 LTE 频段的设备到设备通信。这里，网络运营商充当频谱管理者的角色，应用资源来实现蜂窝内设备之间的直接通信，且我们在这里会对网络端的服务发现问题进行讨论。在 3GPP Release 10 标准中，对本地 IP 接入（Local IP Access，LIPA）[7] 设备到设备的连接进行了描述。主要动机是降低蜂窝网络负荷，完成与具有更高数据速率的邻近设备的通信。

在文献 [8] 中，引入了更为高级的空中接口。这一思路支持移动设备成员将不同信息发送到基站，支持相邻移动设备成员同时在上行链路传输信息。可以采用非对称调制，来将指向基站和相邻设备的信息流区分开来。

4.5 构建移动云

回顾完当前在用的关键无线和移动通信技术之后，本节将从技术角度来对移动云进行讨论。移动云的通用概念不依赖于任何特定技术，但定义了节点之间可能存在的交互，其交互与任何 Ad Hoc 网络一样频繁，同时还假定云的每个节点都可以通过基站或接入点与接入网建立连接。当然，前面所讨论的蜂窝和短距离通信技术适用于构建移动云，而实际上移动云可以使用当前技术、商用设备和网络来构建。原则上，没有必要开发新的特别适合于移动云的设备，虽然通过对未来发展进行优

化，能够使其更适用于移动云运行。蓝牙及其拓扑限制条件是当前技术的一个实例，这些技术可用作移动云的构建块，但其使用将导致云性能非最佳且云和网络资源利用率不高。蜂窝和短距离网络似乎是移动云天然分支网络技术。然而，这一结论虽然今天看来是成立的，但在未来将会存在用于构建移动云的不同选项。图 4-3 描述了用于构建移动云的两种基本方法，即基于多种网络技术（因而基于多种空中接口）（上图）以及基于单一网络技术（下图）。

图 4-3　移动云实现方案：多技术和单技术方法

　　当前特征和智能手机已经集成了多种空中接口，最好几种接口用于短距离通信，几种接口用于蜂窝接入。可以将短距离和蜂窝接口认为是彼此正交的，因为它们不会引起相互干扰。通常情况下，空中接口能够在不同芯片组上实现。目前，这些接口无法共同使用，但针对给定任务或在特定工作场景中，选择最合适的接口。不过，需要注意的是，通过采用当前已经完全成熟的技术，移动云可以很容易地实现。另一方面，移动云也可以基于独特技术，采用单一空中接口来实现。OFDM 很容易实现这一任务，因为不同子载波可用于本地（短距离）连接性和集中接入覆盖网络。显而易见，在这个实例中，蜂窝和短距离链路之间的正交性是由 OFDM 子载波提供的。分配用于短距离和蜂窝接入的子载波数目可以根据主流需求动态地发生变化。当前的技术发展（尤其是 LTE-A），支持采用这种方法来实现蜂窝通信，即采用设备到设备方法支持用于实现使用基本上相同的空中接口设备之间的直接通信。也可以采用软件无线电（Software Defined Radio, SDR）技术来实现单一空中接口。当移动云运行时，除了降低实现方案的成本和实时状态要求之外，与采用多种空中接口进行工作相比，单一空中接口还具有能耗更低的优势。

未来，我们甚至可以预期，移动设备上的所有空中接口并非全部是基于无线电技术的。在诸多重要的应用场景（从日常典型场景到对干扰较为敏感的环境）中，可见光通信（VLC）是一种用于补充无线电系统的强有力潜在候选技术。VLC 基于白色发光二极管（Light Emitting Diode，LED）的使用，通过安装 LED，主要用于提供照明功能，但同时也可用于通过对白色光进行数据调制，来提供下行链路连接性。除了提供无线电自由通信之外，VLC 还是一种低功耗、低成本的解决方案，它也可在安装了系统的房间内提供安全通信。在移动云的情境中，VLC 适合作为提供连接到云的接入网络。

4.6　结论

在本章中，我们介绍了用于蜂窝和短距离通信的不同技术。蜂窝系统中的数据速率演变是一种稳态过程，通过采用 LTE-Advanced 技术，可以提供高达 1Gbit/s 的数据速率。通常情况下，短距离通信系统中的数据速率比蜂窝技术高 10 倍，主要原因是发送机和接收机之间的距离较短。但最大支持数据速率是指总吞吐量，因而它们不是单个用户在其自身设备上所看到的数据速率。所有数据速率是与覆盖蜂窝中的其他用户进行共享的。因此，根据给定的场景，数据速率实际上是可以实现的。移动云设置的主要区别在于蜂窝和短距离的频谱是不是正交或共享的。未来，空中接口将能够采用相同技术来支持蜂窝和短距离通信。

参　考　文　献

[1] IEEE. Wireless LAN Medium Access Control (MAC) and Physical Layer (PHY) Specification. Technical Report 802.11, IEEE, Piscataway, NJ, 1997.

[2] Matthew Gast. *802.11 Wireless Networks: The Definitive Guide*. O'REILLEY, 2nd edition, May 2005. ISBN 978-0-596-10052-0.

[3] J.M. Kristensen and F.H.P. Fitzek. *Cognitive Wireless Networks – Cellular Controlled P2P Communication Using Software Defined Radio*, ISBN 978-1-4020-5978-0 22, pages 435–455. Springer, 2007.

[4] J.M. Kristensen and F.H.P. Fitzek. The Application of Software Defined Radio in a Cooperative Wireless Network. In *2006 Software Defined Radio Technical Conference*, Orlando, Florida, USA, November 2006. SDR Forum.

[5] J.M. Kristensen and F.H.P. Fitzek. Cooperative Wireless Networking Using Software Defined Radio. In *International OFDM Workshop*, August 2006.

[6] J.M. Kristensen, F.H.P. Fitzek, P. Koch and R. Prasad. Reducing Computational Complexity in Software Defined Radio Using Cooperative Wireless Networks. In *International Symposium on Wireless Personal Multimedia Communications (WPMC'05)*, Aalborg, Denmark, September 2005.

[7] 3GPP Technical Specification Group Services and System Aspects. Local IP Access and Selected IP Traffic Offload (LIPA-SIPTO). Technical Report 3GPP TR 23.829 V10.0.1 (2011-10), 3rd Generation Partnership Project, 2011.

[8] Q. Zhang and F.H.P. Fitzek. Asymmetrical Modulation for Uplink Communication in Cooperative Networks. In *IEEE International Conference on Communications (ICC 2008) – CoCoNet Workshop*, May 2008.

第5章　移动云的网络编码

创新是将秩序引入到大自然随机性之中的能力。

——埃里克·霍弗尔

本章介绍了网络编码的主要概念，并强调这一颠覆性关键技术在移动云中的重要性。参照前面的章节，网络编码的优势在网状网、数据存储和安全数据分发中凸现出来。本章旨在使读者熟悉网络编码概念和原理，而无须关注网络编码背后完整理论的细节信息。一方面，这种方法足以向读者展示移动云架构及相关信息流之间的良好匹配；另一方面，这种方法也显示了跨越这些分布式节点的网络编码效率。

5.1　网络编码简介

在前面的章节中，我们已经强调了网络编码在移动云中的重要性，且后续章节也将基于网络编码能力。在本章中，我们将正式确定网络编码的基本概念。我们采用一种直观方式来走近网络编码，旨在激励用户理解其基本原理，并学习如何将网络编码应用于移动云。网络编码可应用于诸如安全、文件分发和分布式存储等多个领域，但是本章的重点是移动云通信中数据吞吐量的改善和控制信息的简化。这些改进也将对节能产生显著的影响。网络编码的两个主要概念是流间和流内网络编码。网络编码分类及各领域的代表性举措如图 5-1 所示。我们将首先讲解流间网络编码，因为这是当前应用最广泛的概念。但我们注意到，流内编码具有更大潜力，且非常适合移动云的特性。

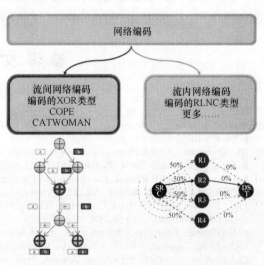

图 5-1　网络编码可划分为流间和流内网络编码

5.2　流间网络编码

　　首先，我们来介绍网络编码，采取的方式与 Ahlswede[1] 在 2000 年向研究团体介绍的方式相同，Ahlswede 称其为流间编码。这部开创性著作出版后，网络编码通常采用如图 5-2 所示的著名蝴蝶实例来进行介绍。蝶形实例是指一种特殊的网络拓扑，它有助于说明和理解网络编码的基本概念。在这一点上，我们想澄清网络编码并不局限于这种拓扑结构，而是可以采用任意网络拓扑。对于大多数读者来说，虽然这一结果可能是显而易见的，但是业界仍然围绕识别任意大型网络中的蝴蝶拓扑，进而将 Ahlswede 的研究成果应用于已发现的蝴蝶拓扑等问题开展了大量研究工作。尽管网络编码的主要突破是由 Ahlswede 在文献［1］提出的，可是类似想法已经在存储研究团体流传了很长一段时间[2]。因此，对于文献［1］的主要贡献是证明了最大流最小割容量[3]总能在任意网络拓扑的多播传输来实现。

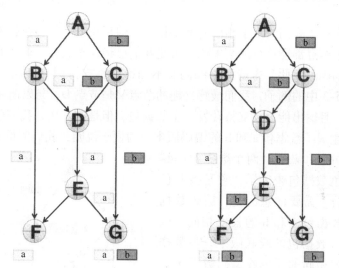

图 5-2　不采用网络编码的蝴蝶网络。节点 D 的作用非常关
键，因为它转发哪个数据包（a 或 b）的决策将决定哪个数
据包到达目标节点。两种方法（左边是转发数据包 a，右边
是转发数据包 b）都是次优的

　　现在，让我们来对蝴蝶实例进行详细探讨。蝴蝶场景包括 7 个相互连接的节点，如图 5-2 所示。源节点 A 的目标是在给定的网络拓扑上，将长度相同的两个数据包 a 和 b 发送给两个目标节点 F 和 G。让我们假定该拓扑的每个链路具有相同容量，且能够在给定时隙内传输数据包 a 或者 b。数据包 a 和 b 分别被发送给节点 B 和 C。现在，节点 B 将数据包 a 转发给节点 D 和 F。同时，节点 C 将数据包 a 转发给节点 D 和 G。这些数据包传输之后，目标节点 F 和 G 已经接收到两个数据包

中的一个。从图5-2（左侧）可以很容易地看出，节点D成为这种拓扑的瓶颈，因为它接收到两个数据包（a和b），但由于受到信道容量的限制，仅能够转发数据包a或b。基于节点D的决定，目标节点中的一个将收到两个数据包，另一个目标节点将只会收到一个数据包。

在图5-2（左侧）中，节点D将转发数据包a，这样在端节点G将拥有两个数据包，而节点F将只收到一个数据包。在图5-2（右侧）的情形中，节点G将会只收到一个数据包，而节点F将收到两个数据包，因为节点D已转发了数据包b，而不是数据包a。无论节点做出怎样的决定，一个节点将不会收到完整的信息，而另一个节点将会收到完整的信息。给定拓扑的吞吐量是1.5。这是通过将每个节点的吞吐量相加，再除以目标节点数得到的。这一吞吐量比最大流最小割容量小[3]，因为在这种情况下，最大流最小割容量为2。简而言之，最大流最小割表明如果不存在其他目标，且假定路由和路由决策非常完美，则每个节点的容量为2。正如我们在下一段中将要看到的，对于给定的实例来说，网络编码将能达到最大流最小割容量。

在图5-3中，我们给出了相同的网络拓扑，但现在节点能够执行网络编码。尽管原则上每个节点都能进行网络编码，可是我们已经注意到，并非所有的节点一定会进行网络编码。因此，支持网络编码和不知道是否支持网络编码的网络是可能的。回到图5-3中的例子，我们最感兴趣的节点又是节点D。与以前一样，它接收两个数据包，且输出能力仅支持转发一个数据包。但是这一次，我们引入了网络编码。节点D生成了数据包a和b的编码版本。为便于说明，我们假设数据包a和b

都分别涂有黄色和蓝色。两个数据包的编码版本用绿色数据包来表示，它是指蓝色和黄色的混合。需要注意的是，编码数据包的长度与数据包a和b的长度相同，因而不再是输入数据包的级联版本。与数据包a和b长度相同的绿色或编码数据包将被转发到节点E，然后节点E再将编码数据包转发给目标节点F和G。每个目标节点将收到两个数据包，即一个原始数据包（a或b）和一个编码数据包。编码数据包单独是无用的，但通过与原始数据包结合使用，即可实现解码。在节点F的情形中，数据包a是从节点B接收的，而编码版本来自节点E。要获取原始数据包，节点F需要对绿色数据包进行解码。因为它已经拥有黄色数据包，因而它假定只有一个蓝

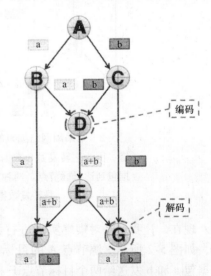

图5-3 采用网络编码的蝴蝶网络。这里，节点D计算数据包a和数据包b的组合版

色数据包会使编码数据包变为绿色。在该过程结束时，与图 5-2 中的例子不同，两个目标节点 F 和 G 接收到数据包 a 和 b。通过这个简单的例子，读者可以清楚地认识到，解码节点需要一些网络拓扑信息，来做出这些假设。换句话说，节点 F 需要知道来自于节点 E 的数据包是一个编码版本，而不仅仅是一个转发数据包。此外，还需要与哪些数据包一起进行编码相关的信息。后面我们还会谈到这个问题。根据这一说明性实例，下面我们将对这种类型的网络编码技术进行更加详细的描述。

回到节点 D，数据包 a 和 b 的二进制表示是采用逐位异或（Exclusive OR，XOR）运算进行编码的，如图 5-4 所示。因此，这一编码过程将是数据包 a（用 01 来表示）和数据包 b（用 10 来表示）的逐位运算。这种编码运算的结果会生成一个由 11 来表示的、长度相同的数据包。随后，目标节点将对接收到的数据进行解码。解码运算同样是对数据包 a（用 01 来表示）与编码后的数据包（用 11 来表示）进行逐位异或运算，并生成数据包 b（用 10 表示）。这个简单的例子说明了编码和解码的基本原理。此外，它也表明，这个例子中的每个数据包只有 2bit，即使是编码后的版本。我们没有说这种方法适用于任意长度的数据包，但简单起见，我们仅将数据包长度限定为 2bit。需要注意的是，我们不得不引入一些开销，将信息传输到目标节点，这些信息与编码执行方式有关，因为蝴蝶网络是唯一可能的拓扑。如前所述，需要将在哪些数据包上进行相互编码的知识添加到每个数据包上，我们将这些知识称为编码矢量。在拓扑从不发生改变的情况下，这种开销是没有必要的，但是对于拓扑发生变化的拓扑来说，这一信息必须添加到数据包上。编码矢量必须和数据包一起进行传输，从而降低了网络编码方法的效率。可以降低所需的开销量，且某些研究开始考虑实现这一目标的技术，但在大多数情况下，开销的影响并不大。例如，如果我们考虑以太网中长度为 1500 字节的最大传输单元（Maximum Transmission Unit，MTU），并将其与蝴蝶实例中的 2bit 进行比较，这种开销显然是微不足道的。不过，如果我们考虑第 5.4 节中将要介绍的流内网络编码，则开销变大的可能性极大。

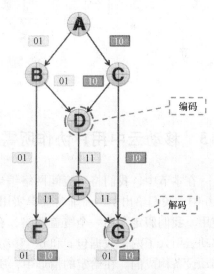

在图 5-5 中，我们给出了每个数据包的编码矢量。节点 A 处已经使用了编码矢量。这里，第一个数据包 a 得到标识符 01，第二个数据包 b 得到标识符 10。编码矢量经历了与有效载荷相同的异或运算步骤：编码和解码。因此，编码数据包的标识符

图 5-4　蝴蝶网络中的异或（不等式函数）运算

是 11。需要注意的是，如果我们需要对第三个数据包进行寻址（此处我们不需要这么做），则该标识符将是 100，而 011 是 001 和 010 的编码数据包，在这一点上，我们看到编码矢量的开销是 50%。但是，这仅仅是一个简单的说明性实例。在蝴蝶网络的情况下，开销永远是 2bit，而有效载荷长度可能是任意比特的。有效载荷越大，则开销的影响越小。另一方面，编码矢量的使用支持在任意网络拓扑中使用网络编码。图 5-5 显示了蝴蝶实例中有效载荷和编码矢量的编码情况。我们改变数据包 b 的有效载荷（与第一个实例相比，从 10 变为 11），以使得这个例子更有价值。流间网络编码不仅仅是一个理论概念，而且已经在无线网状网中得以实现。这里，我们给出两个名为 COPE[4] 和 CATWOMAN[5] 的项目。如图 5-1 所示，COPE 和 CATWOMAN 是商业平台上流间网络编码的两个最具代表性的实现方案，我们将在本章后面部分对其进行详细讨论。

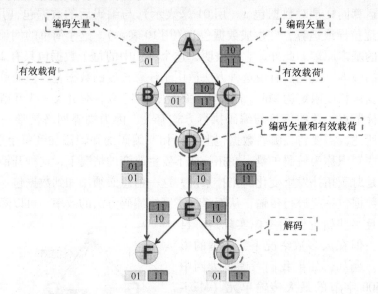

图 5-5 包含编码矢量的蝴蝶实例

5.3 移动云中用户协作所需的流间网络编码

在本节中，我们将对流间网络编码和移动云之间的相互作用进行描述。在图 5-6 中，我们给出了一个非常简单实用的例子，来说明如何将这两种方法结合起来使用。我们假定存在一个覆盖网络，在这种情形中，它是通过 LTE 来实现的，为移动云引入了两个数据包 a 和 b。移动云是由采用 Wi-Fi 技术实现部分连接的 3 台移动设备构成的。在给定的情形中，所有这 3 个节点都将同时接收两个数据包。在现实世界中，这可能对应于移动云所有成员都对接收相同内容感兴趣的情形。在常规方式下，覆盖网络可能会直接将两个数据包发送给移动用户，但是这将导致带宽和能源使用量增加（参见第 9 章）。因此，我们将利用移动用户的直接连接，来降低覆盖网络的负载。如图 5-6 所示，中间节点与其他两个节点建立连接，而外部节点需要通过中间节点进行相互通信，且没有机会倾听对方。我们通常将这种拓扑称为"艾丽丝和鲍勃"的场景，其中艾丽丝和鲍勃将经由中继相互通信。我们假设外部节点（即艾丽丝和鲍勃）正在接收来自于覆盖网络的数据包，中间节点正在执行中继任务，它并未从覆盖网络接收任何数据包。因此，我们将这种方法称为纯中继。纯中继总共需要 4 个时隙来传输信息，以实现在艾丽丝和鲍勃之间交换两个数据包的目标，如图 5-6 所示。外部节点将其数据包发送到中间节点，中间节点再将两个数据包中继到最终目标节点。采用如前所述的网络编码，传输信息所需的总时隙数将会减少到 3 个，如图 5-7 所述。从 4 个时隙减少到 3 个主要是基于中间节点的网络编码能力。来自于外部节点的两个数据包将在中间节点处进行编码（如采用 XOR 运算），且同时将编码版本广播到两个目标节点。为便于说明，我们再次在这些图中使用 3 种颜色（蓝/黄/绿）。但 33% 的性能增益不是支持移动云网络编码的主要原因。选择的例子只是为了说明的需要。

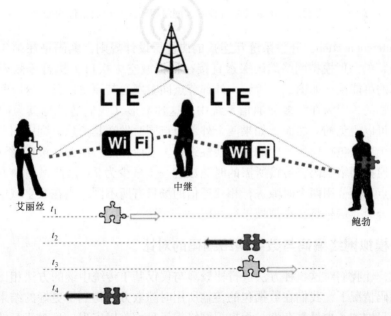

图 5-6　在移动云中采用传统中继技术（不使用网络编码）来实现数据包的分发

5.3.1　模拟网络编码

在这一点上，我们想强调的是，在网络编码中存在一个被称为模拟网络编码的新领域，目前正在研究在物理层进行编码的可能性。在前面的例子中，依据数字域中 ISO（International Organization for Standardization，国际标准化组织）/OSI（Open

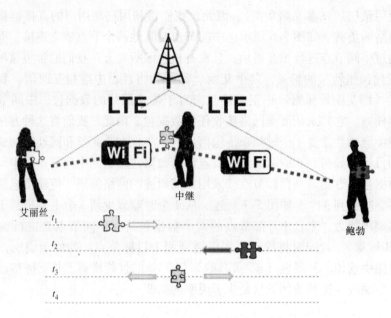

图 5-7　在移动云中采用中继技术和网络编码来实现数据包的分发

Systems Interconnection，开放系统互连）的协议层设计规则，编码是在第 3 层（网络层）执行的。但模拟网络编码探索直接在模拟域空中接口上执行等效于异或编码的运算的可能性。如图 5-8 所示，外部节点同时发送其原始信息。这听起来似乎是违反直觉的，因为在大多数通信系统中，这种情形（我们通常称其为冲突）是应该完全可以避免的。然而，如果两个外部节点同时发送其信息，则中间节点将会接收到两个数据包在信号域中的一个线性组合。然后，这一组合将被广播到两个目标节点。模拟网络编码将传输所需的时隙数进一步减少为 2。因此，这种方法与两个外部节点直接使用两个时隙进行相互通信的场景有所不同。当在数字域中对数据包进行组合时，信号将在模拟域进行编码。

5.3.2　模拟网络编码与数字网络编码的对比

现在，让我们对这 3 种方法进行比较。与仅仅基于传统中继的方法相比，在两种网络编码情况下，我们在数据包的传输所用时隙数方面得到了更好的结果。数字网络编码只增加了少量复杂性，而模拟网络编码目前难以实现，且对流行的信噪比提出了一些限制条件。此外，必须指出的是，对于两种编码方案来说，中间节点所起的作用是不同的。当采用数字网络编码方案时，中间节点是移动云的正式成员，因为它接收到了所有信息。而在模拟网络编码的情形中，中间节点退化为一个简单的中继节点，因为该节点本身无法使用中继信息。如果外部节点不想让中间节点了解正在进行的通信内容，则后者在安全和隐私方面是非常有用的。但对于移动云操作来说，它是至关重要的，主要用于说明每个成员参与可以得到的明显收益（参见第 8 章）。目前，学术界正在研究第 3 层网络编码和模拟网络编码。但大部分实现方案都集中在数字域编码[4-5]而不是模拟域编码[6-8]上。

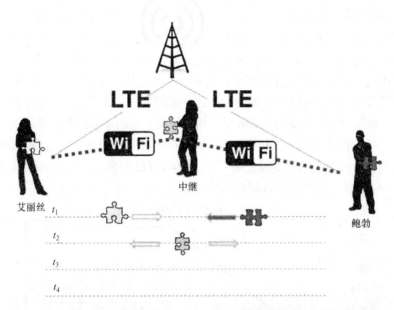

图 5-8　在移动云中采用中继技术和模拟网络编码来实现数据包的分发

5.3.3　媒体接入控制策略的影响

如前所述，给定实例中的数字网络编码预期增益是 33%，因为我们将发送数据包数量从 4 个减少为 3 个。但如果我们考虑媒体接入方案，那么结果将有所不同。在上例中，我们假设对于那些最需要无线媒体的节点来说，无线媒体是给定的，但在 IEEE 802.11 媒体接入方案中，将为所有节点分配相同的容量。正如文献［5］所指出的，对于整个系统来说，这是一个问题，稍后我们还要对其进行解释。

图 5-9 给出了假定流量对称且采用 IEEE 802.11 作为媒体接入控制协议的前提下，艾丽丝和鲍勃场景中的理论吞吐量、编码增益与两大实体提供的总负载之间的关系[9,10]。这里，我们假设覆盖网络正在不断地填充艾丽丝和鲍勃的传输队列。我们对纯中继（不使用网络编码）和使用数字网络编码这两种方法进行比较。对于低负载情形，两大系统的吞吐量是相同的。只要无线信道上存在足够的资源，则即使采用网络编码后中继节点发送数据包减少，也丝毫不会对吞吐量产生影响。发送数据包减少会对总能耗产生影响，但这超出了本章的讨论范围。有兴趣的读者可以参阅文献［11］，来了解网络编码对能耗的影响。随着负载越来越大，纯中继方案的性能下降，而网络编码的性能仍然在提高。在一定的负载下，这两种方法的性能趋于稳定。有趣

的是，编码增益超过我们先前所讨论的33%，达到100%这个值，因而对于这个简单实例来说，系统吞吐量增加了1倍。我们首先考虑这样一个事实，即在下面描述的工作范围内，这两种方法实现的系统性能相同（直到艾丽丝和鲍勃正在引入的负载是标称无线信道容量的50%）。对于给定的流量负载极限，从能量的角度来看，即使吞吐量相同，中继节点也必须发送两倍的数据包，这样如果中继节点是电池驱动的，则可能会出现问题。进一步增加所提供的负载会对系统吞吐量产生影响。这背后的原因是IEEE 802.11 MAC 协议的工作方式，它对所有节点都一视同仁。IEEE 802.11 既不拥有与中继节点正在为艾丽丝和鲍勃做什么有关的信息，又对这一信息不感兴趣，因而不会为中继节点分配更多的无线频谱。粗略地讲，艾丽丝和鲍勃若想从中间节点处窃取容量，则他们是在搬起石头砸自己的脚。在中继节点 MAC 方案已经实现优化的理想情况下，对于给定场景来说，编码增益不会超过33%。但是，在当前的 WLAN世界中，IEEE 802.11 技术仍占据着统治地位。

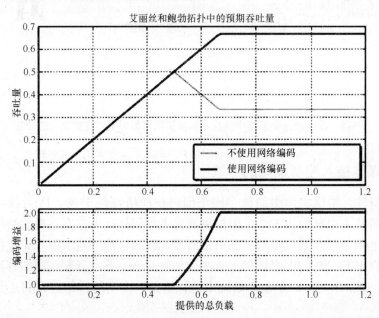

图5-9 使用和不使用网络编码时，艾丽丝和鲍勃场景中的吞吐量和编码增益[9,10]

图5-9 中给出的理论结果与研究团体的实现尝试成果非常吻合。在文献［4］中，引入 COPE 机制的卡蒂等人在美国麻省理工学院（Massachusettes Institute of Technology，MIT）校园内，将异或（XOR）编码应用于无线网状网中。COPE 不仅是数据包编码的异或（XOR）类型，而且也涉及 IEEE 802.11 标准的实现。这项工作的主要研究成果是：与采用高负载场景和 UDP（User Datagram Protocol，用户数据报协议）流量、不采用网络编码的系统相比，使用网络编码的无线网状网容量增加了3~4倍。在文献［12］中，作者将一种类似于 COPE 的机制，应用于诺基亚 N810 平

台，以实现高效的数据分发。在文献［13］中，视频显示了这一方法的工作原理，并提出了潜在增益的一些观点。在文献［5］中，作者介绍了一种名为 CATWOMAN 的方法。CATWOMAN 将异或（XOR）编码与 BATMAN[14]路由协议结合起来。CAT-WOMAN 是在商用 Wi-Fi 热点网络上实现的，该网络能够对诸如艾丽丝和鲍勃、交叉拓扑以及其他更多拓扑等简单设置的网络编码性能进行测量。CATWOMAN 表明，艾丽丝和鲍勃拓扑中的实际性能增益为 64%。因此，理论研究成果证明，网络编码性能高于 25%，但低于 100%。未达到 100% 的主要原因来自于艾丽丝和鲍勃的流量不对称性、媒体访问控制协议本身和无线信道的特性。深度实现方案给出了更高级拓扑（如链式拓扑、X 拓扑、交叉拓扑）的性能增益[15,16]。

采用异或（XOR）运算的网络编码简单形式存在着一些缺点。虽然简单支持快速实现，但是执行网络编码的节点需要了解哪些数据包需要进行编码，以确保效率。如果这是通过诸多信令传输来实现的，则性能将会降低。由于移动云中的用户具有移动特性，因而信道质量或路由选择中的拓扑自始至终容易发生变化。如图 5-10 所示，4 个用户建立完全连接（左侧），且在不使用网络编码的情况下，如果数据包被删除，则重传将会发生，而每个用户负责完成必要的重传次数。在图 5-10 的右侧，拓扑发生变化，且中心用户与外部节点之间的连接状况非常好。同样，每个用户可以仅使用重传方案，但是网络编码会有所帮助。这里，中心节点将使用网络编码重传来自于外部节点的数据包的编码版本。

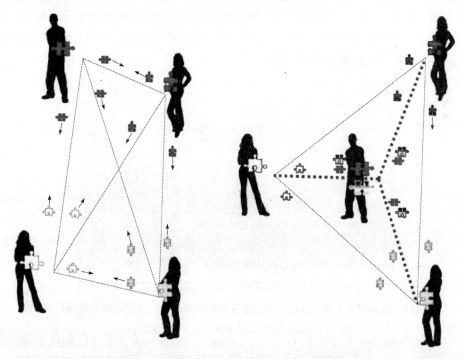

图 5-10　更高级的移动云拓扑结构以及网络编码需求

5.4 流内网络编码

网络编码短暂历史进程中的一个巨大的里程碑，是由 Ho 等人[17]引入的随机线性网络编码（Random Linear Network Coding，RLNC）概念，这是流内网络编码的基础技术。它不是对流间网络编码所需的编码矢量进行仔细设计，文献［17］的作者们证明，在不显著降低系统性能的前提下，可以随机选取编码系数，他们将这种技术称为随机线性网络编码（RLNC）。在大多数情况下，拥有全部节点完全知识的流间网络编码性能，要比其对应的流内网络编码性能略胜一筹，但在前一种方法中，用于控制整个系统和分发编码参数的成本高得吓人，特别是当网络规模不断变大时。

图 5-11 说明了 RLNC 的工作原理。该图给出了包含 2 个中继节点（R）的实例，中继节点主要用于接收来自于源节点（S）的广播信息，并愿意将该信息转发到目标节点（D）。我们只考虑两个数据包 a 和 b，并研究在两个时隙内发送两个数据包的概率。如果这两个来自于源节点的数据包被成功接收，则中继节点应当转发这些数据包。这样，就出现了哪些数据包需要由哪个中继节点转发的问题。当不采用任何编码技术时，中继节点可能转发同一数据包的概率为 50%，这一效率是非常低的。为了避免发送相同的数据包，中继节点可以彼此倾听，以确保发送正交的信息：这一假设并不总是成立的，因为中继节点之间的链路可能是易于出错的，但更重要的是，数据包必须进行排队，以获得分配的传输时隙（根据 IEEE 802.11 协议），且在排队后并不做出任何决定。

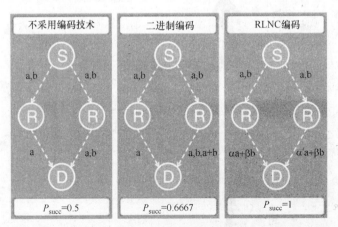

图 5-11　包含两个中继节点的简单中继实例的网络编码，重点研究网络编码性能

采用网络编码技术（图 5-11 的中间部分），每个中继节点可以随机选择编码矢量。存在 4 种可能的编码矢量，即 00、01、10 和 11，它们占用的字段较短。应

当尽量避免使用空矢量 00，因为它不包含任何信息。但是可以非常容易地将其排除在外。编码矢量 01 和 10 分别代表原始数据包 a 和 b。除了原始数据包 a 和 b 之外，存在两个数据包的一种线性组合，可以用编码矢量 11 来表示。两个中继节点只是随机选择应当发送的一个数据包，这样就将在两个时隙内发送两个数据包的概率提高到 66%。

但是，如果编码系数局限于 0 和 1，且允许编码系数取 0 和 1 之间的任意值，则我们可以将概率提高到 100%。由于两个中继节点都会针对每个数据包选择两个随机数，因而他们选择同一数集的概率几乎为零。但它不仅是选择同一数集的问题，而且还应当避免选择线性相关集。在实际实现方案中，随机数被映射到有限域元素上，成为易于发生舍入误差的浮点数。因此，选择同一数集的概率取决于字段长度。粗略地讲，字段长度定义了关于如何精确产生随机数的某种粒度。在我们中间的实例中，在有限字段长度为 2（只有 0 和 1 可以被选择为系数），我们称之为二进制字段。在复杂性方面，二进制字段具有一定的优势，但在某些场景中，其性能可能会差一些。

存在用于确定使用流内编码的系统性能的第二个参数，我们称为代长度。如果我们回到二进制编码实例，我们仅有两个数据包需要发送。如果我们想发送更多数据包（如 a、b、c、d 等），则发送相同或线性相关组合的概率较低。我们将一次批处理中设置的数据包数称为代长度。如果左侧中继节点从 4 个数据包中选出 2 个数据包（a 和 b），则右侧中继节点现在可以选择 $2^4 - 1$ 种组合。不仅诸如数据包 a 和 b 的三种组合是非理想选择，而且 a + b 的线性组合（只是一种异或组合）也是非理想选择。因此，与代长度为 2 的情形相比，选择线性独立数据包的概率降低。

一般情况下，随机线性网络编码的性能取决于两个参数，即代长度和字段长度。两个参数越大，拥有线性相关数据包的概率越低，这反过来又提升了系统在有效吞吐量方面的性能。但是，如果我们增加代长度，则这会对应用水平产生影响。对于实时应用来说，代长度应当比较小，而时延容忍应用支持较大的代长度。另一方面，较大的代长度或字段长度值将会对复杂性产生影响。在先前的研究成果[18-22]中，我们已经证明，RLNC 在商业移动设备上的实现是可行的，且我们演示了首个实现方案[23]。

5.5　移动云中用户协作所需的流内网络编码

在本节中，我们描述三个流内网络编码提升移动云性能的主要领域，即

1）与移动云交换信息和在移动云内交换信息；

2）移动云中的分布式存储；

3）移动云安全。

5.5.1　移动云的信息交换与信息播种

在移动云内交换信息以及向移动云播种数据必须尽可能高效，以激励尽可能多的用户开展协作（参见第 8 章与技术支持协作相关的内容）。使用网络编码，交换的数据包数可能会显著减少，从而提升协作的收益。下面，我们将首先介绍如何在移动云中播种信息，然后描述如何在移动设备之间交换信息。

1. 在移动云中播种信息

图 5-12 演示了如何使用网络编码向移动云中播种信息。在这一实例中，基站向 3 台设备发送 3 个数据包。为了减少发送次数，可以采用广播来代替单播。第一个以广播方式发送的数据包携带有信息 x_1。然后，将数据包 2 和 3 以广播方式发送给所有用户，它们分别携带了信息 x_2 和 x_3。由于存在丢包现象，有些数据包并未被用户接收到。在我们的实例中，我们假设每台移动设备丢失了一个不同的数据包。在这种情况下，ARQ（Automatic Repeat Request，自动请求重传）是一种可供选择的差错恢复方案，源基站将需要重发所有 3 个数据包，从而导致总共 6 次数据包传输，极大地浪费了资源。对于每台设备丢失一个数据包的场景，给定实例属于最坏的情况。最好的情况是，所有设备丢失的数据包相同，这样只需广播一次信息就足够了。然而，如果采用网络编码，则只能发送一个额外数据包，且对所有 3 个数据包一起进行编码。我们再次注意到，编码后的数据包与先前已发送的数据包长度完全相同。这里，编码是通过对 3 个数据包（用 $x_1 + x_2 + x_3$ 来表示）的每个 bit，进行简单的模 2 运算（如前所述的简单异或运算）来实现的。所有接收方都已经收到所有这 3 个数据包，即两个原始数据包和一个编码数据包。编码数据包支持每个接收方准确找回已经丢失的那个数据包。我们隐性假设基站知道丢失的数据包，并正在做出正确的编码决策。但是，如果我们将该实例扩展为最初广播的数据包数为 16 个，且接收方同样丢失一个数据包，但丢失的数据包并不相同，于是基站需要准确了解究竟丢失了哪些数据包，以做出正确的编码决策。这一说明性实例可以帮助我们区分流间和流内网络编码。在前面的实例中，使用的是流间网络编码。使用流内网络编码，基站将对所有数据包一起进行编码。然后，只要每个接收方拥有足够的数据包（这与应用场景有关），基站就将开始发送数据包。如果接收方无法开展协作，则每个接收方需要与代长度一样多的线性无关数据包。如果接收方之间相互协作，则小组需要确保组内拥有足够多的线性无关数据包。

正如我们所解释的那样，通过采用网络编码，将信息从覆盖网络引入到移动云中将是非常有益的。如果覆盖网络想将信息发送给用户，则它或者开始发送原始数据，或者马上开始引入编码后的数据包。在文献［20］中，我们证明以原始数据包开始，且一旦所有数据包发送完毕就启动编码进程是非常有益的。在无线信道不存在丢包的情况下，设备将只接收原始数据包，不需要进行解码，从而降低了复杂性。但在发生丢包的情况下，设备需要接收额外的编码数据包，来获取完整的信息。通过这一简单实例，我们已经看到 RLNC 的必要性。在前面的例子中，我们假设丢包情况已知，且对正确的数据包一起进行编码。由于不知道 RLNC 的详情，因而所有数据包自始至终一起进行编码，且假定每个接收到的数据包对于接收方来说都是非常有用的。这里，我们注意到诸如 Reed-Solomon 码或 Fountain 码等其他编码方案，都可以实现类似的性能。网络编码的实际增益伴随着移动云中的数据交换而产生。

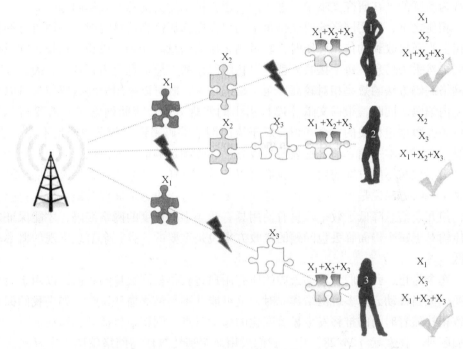

图 5-12　使用网络编码实现可靠组播的一个简单实例

2. 移动云内部的信息交换

在本节中，我们将讨论使用短距离链路、在移动云内部进行的信息交换。通常情况下，一旦某些信息通过覆盖网络（如通过数据播种）到达云节点，则移动云内部的信息交换就会发生。下面的例子描述了用户协作场景下网络编码的优势，重点关注移动云内部的数据交换。因此，我们假设覆盖网络已经将信息发送给移动云用户，且假定在云的某些节点上所有信息都是可用的，但并不是在每个单独的用户处都是可用的。这样，每个用户都拥有部分信息，在拥有完整信息之前，需要在移动云内部进一步信息交换。数据块的交换可以通过采用诸如单播、广播或网络编码等不同的协作策略来实现。正如我们下面将要讨论的，最后一种方案可以提供最佳性能。

在单播通信模式下，移动云中的两个对等体将相互连接，并交换非冗余信息。在信息被删除的情况下，将发生重传现象。如果通信双方交换了数据包，则他们并不一定获得了完整的信息，因而必须建立针对新对等体的连接，以获取更多的信息。通信双方继续重复该过程，直至所有信息都是可用的。

在该广播通信模式下，每个节点将除从其他节点获得数据包之外的自身信息，以广播方式进行发送。在这种模式下，一个节点发送信息，多个接收方接收信息，与单播模式下只存在一个接收方的情况形成鲜明对比。重复广播信息在接收方之间的有用程度是不同的，某些接收方可能已经拥有该信息，而其他接收方将传输的信息视为新鲜的。在研究文献中，这一问题通常被描述为优惠券收集问题。

相比之下，使用网络编码支持每个用户在向邻居广播信息之前，撤回自己的数据包。当新接收到的信息可用时，它可用于撤消信息。如果字段长度较长，则只要他们仍然丢失信息，每个接收方就可以将编码后的广播信息视为新鲜的。因此，基于网络编码方法的效率相对较高。至于编码技术，既可以采用流间编码，又可以采用流内编码。同时，根据文献［12］提出的实现方案，流间网络编码需要与相邻节点丢失数据包相关的完全知识。对于流内网络编码来说，此类知识是不需要的。这里，所需的唯一信令消息是表明接收方已经收到足够信息的消息。

为了理解不同方案的效率，我们可以归纳出这样一个结论，即每次单播传输仅对某个接收方来说是重要的。在广播模式下，所有接收方可能仅对某个数据包感兴趣，但冗余信息降低了效率。只有使用具有适当字段长度的网络编码，才能保证每次传输对于每个仍面临丢包问题的接收方来说是重要的，且冗余信息出现的概率非常低。

迄今为止，我们假设移动云中的所有用户将获得相同数量的数据，以用于后续交换。但当移动云由多跳网络建立时，这可能并不是最优播种策略。如果我们拥有导致拓扑随着时间的推移发生显著变化的移动节点，则将信息播种到移动云会变得更加困难。在文献［24-28］中，我们采用通用遗传算法与网络编码，来寻找协作下载场景中的近似最优播种策略。最简单的解决方案是将文件平均分发给所有节点，并依靠节点间的后续信息交换来实现。但某些节点可能比其他节点更适合接收更多的信息。如果我们对所有的可能性进行广泛搜索，则会导致大量的测试出现。更为糟糕的是，一旦拓扑发生变化时，则需要进行测试。在前面提到的论文中，我们已经证明，遗传算法可以实现很好的效果，且测试次数较少。另外，当拓扑变化较小时，附加测试的次数甚至比初始测试阶段的次数还少。

当移动云没有完全建立连接，且某些用户只能通过多跳链路实现彼此互连时，使用网络编码相对于其他方案的增益将会提高。如果拓扑因无线信道变化或节点移动性而随时间发生变化，则增益提高的幅度会更大。由于随机线性网络编码不需要像流间网络编码那样进行严密规划，因而它可用于高动态拓扑。图5-13描绘了奥尔堡大学用于研究高移动性网状网的乐高机器人。在文献［29］中，作者给出了采用随机线性网络编码在移动设备之间共享内容的结果。该研究的主要发现是，相对于任何其他方案，随机线性网络编码支持设备共享内容的速度更快一些。

图 5-13　用于高移动性移动云内信息交换网络编码试验平台[29]

5.5.2　移动云中的分布式存储

网络编码有助于实现移动云的信息高效存储，包括可靠性、使用的存储空间和安全性等方面（总体思路参见第 3.11 节）。让我们假设一台移动设备拥有很多需要存储的重要信息。文件大小是 F（单位为 B）。存在多种不同的数据存储方式。首先，用户可以将数据存储在同一个地方，如亚马逊云或本地电话上。如果我们将数据存储在本地，则数据与设备绑定在一起，且一旦设备丢失，数据也就丢失了。如果将数据存储在亚马逊云或类似的云上，则这可能会涉及建立时间和额外成本问题，因而我们探讨移动云中协作设备的数据存储问题。

如果协作用户同意互相帮助来存储信息，则一部手机可以使用所有协作手机的存储容量。如图 5-14 所示，手机是通过短距离链路，还是通过任何给定的覆盖网络建立连接并不重要，重要的是它们以某种方式建立了连接，并且能够交换数据。图 5-14 显示了播种和恢复阶段。在播种阶段，外部左侧设备拥有 100% 的数据，并将数据播种到 4 台不同的设备上。由于我们采用的是随机线性网络编码，因而我们可以使用任意数量的协作设备，以一种有意义的方式来充分利用其存储空间。在恢复阶段，外部恰当的设备与 3 台协作设备建立连接来恢复数据。在这一点上，我们刚刚提到，如果设备都是可用的，则恢复设备也可以得到来自于所有 4 台设备的数据，且一旦恢复设备接收到足够多的有意义数据，该进程即终止。一个明显的优点在于，从 4 台设备上获取数据的速度可能会非常快，这是一种被称为对等下载的

效应。图5-14 中的实例说明了分布式存储是如何进行工作的，但下面我们将针对
分布式存储，推出一些一般性结论，并将它与其他方法进行比较。

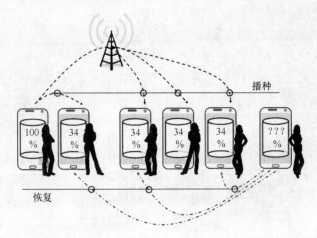

图5-14 向移动云播种数据和从移动云中恢复数据的分布式存储实例

一旦有在分布式协作实体上存储数据的可能性，则问题是我们如何存储数据，
使得我们能够高度可靠地取回数据。当我们依靠处于连接状态的移动设备时，我们
无法假定它们总是可用的，因为存在连接失效或低电量状态。此外，我们数据的隐
私是非常重要的。尽管我们参与协作，可是我们仍然不希望其他人读取我们的数
据。最后但并非最不重要的一点是，用于该方法的存储空间成本应当是最低的，即
使存储器比较便宜，且可以在手机上使用。下面，我们将探讨 3 种可能的方法：

单台服务器方法。 在这种方法中，我们将大小为 F 的全部数据，都存储在一
台协作设备上。

复制服务器方法。 在这种方法中，我们将数据存储在多台设备上。这里，我们
将全部数据 F 存储在每台设备上。

编码方法。 编码方法基于随机线性网络编码方法。我们将对数据进行编码，然
后将其分发到若干部手机上。需要注意的是，我们在协作设备上存储的数据量比原
始数据少。

依据可靠性、存储和安全性方面的度量标准，我们将对这三种方法进行评价。
所用公式都是相当基础的，但为相关方法的可用性提供了一些思路。我们首先评价
不同方法的可靠性 A。针对计算，我们假设存在 N 台协作移动设备，且每台协作设
备的可用性概率为 p。在只有一台数据存储设备的情况下，可靠性 A 等于

$$A = 1 - p \tag{5-1}$$

为了提高可靠性，我们在多台（N 台）设备上存储数据，这样可靠性 A 变为

$$A = 1 - p^N \tag{5-2}$$

只要存在一台可接入的移动设备，全部数据对于用户来说就是可用的。我们注

意到，总存储量 H 随着 N 的增加线性增加，它等于 $N \times F$。作为一种提醒，如果只有一台设备在用，则存储量是最小的，即 $H = F$。

如果我们使用编码方法，则我们会将数据存储在 N 台设备上，但从来不会在一台设备上存储完整的数据，即使对数据进行了编码。因此，首先对原始数据进行编码，并将线性组合存储在多台设备上。由于随机线性网络编码是无比率的，因而我们将始终在不同的设备上存储不同的线性组合，以提高我们所提方法的效率。我们还引入另一个参数 T，用于反映无法接入、但仍能够对所有信息进行解码的协作设备最大数。举例来说，如果我们有 5 台（$N = 5$）协作设备，则我们会在每台设备上存储编码数据的 25%。假设不存在线性相关性，即使我们不能接入某台设备（$T = 1$），我们也仍然可以得到解码的完整数据，这可以通过使用较大的字段长度和代长度来实现。显而易见，在复制服务器方法中，$T = N - 1$。

对于编码方法，可靠性 A 变为

$$A = 1 - \sum_{i=0}^{i=T} \binom{N}{i} \cdot p^{N-i} \cdot (1-p)^i \tag{5-3}$$

我们必须在 N 台协作设备中每台设备存储的数据量 P（用原始数据大小的百分比来表示）为

$$P = 1 / (N - T) \tag{5-4}$$

分布式方法所需的存储空间大小 H 等于

$$H = N \cdot P \cdot F = N / (N - T) \cdot F \tag{5-5}$$

如果我们回到使用 5 台协作设备的例子中，则每台设备存储的数据量见表5-1，它是 T 的函数。

表 5-1 采用分布式方法，5 部手机的存储空间使用总量情况

N	T	P	存储空间使用总量 H
5	0	20%	100%
5	1	25%	125%
5	2	33%	167%
5	3	50%	250%
5	4	100%	500%

在图 5-15 中，给出了可靠性 A 与协作手机数量之间的关系，其中协作手机的连通概率 $p = 0.25$。对于单台服务器方法，可靠性总是 75%。将数据复制到多台设备可以实现最高的可靠性，3 台服务器可实现 98% 的可靠性，更多的服务器可实现 100% 的可靠性。当 $T = 1$ 和 $T = 3$ 时，如果不激活足够多的设备用于分布式存储，则编码方法实现的可靠性比复制服务器方法低，甚至比单台服务器方法还低。但是，如果存在 6 台（$T = 1$）或 10 台协作存储设备，则分布式方法得到的可靠性数值与复制服务器方法一样，接近 100%。

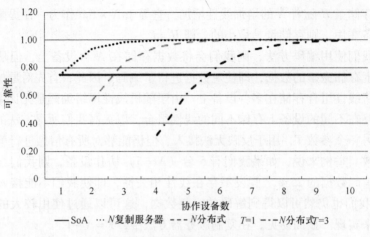

图 5-15　3 种不同存储方法的可靠性，故障概率为 25%

如果我们比较一下所需存储空间大小和机密性水平，则分布式方法相对于其他方法的优势就不言而喻了。首先，我们将对存储进行分析。我们已经提到，存储器可能比较便宜，且移动设备拥有足够大的存储空间，但它不仅涉及需要存储的数据量，而且还涉及通过协作网络进行传输的数据量，从而导致带宽使用和能耗的增加。显然，如果我们只在一台设备上存储数据，则我们将只使用特定的存储空间及其他资源。我们令资源使用量（Resource Usage，RU）等于 1。如果我们将数据复制到 N 台设备上，则所需的存储空间变成 N 倍，于是 $RU = N$。这显然是一种明显的劣势。对于分布式方法来说，当 $N > T$ 时，数据量为 $RU = N/(N-T)$。如图 5-16 所示，分布式方法大大优于重复服务器方法。当 N 取值较大时，则分布式方法在资源使用量方面，变得与单台服务器方法一样好。

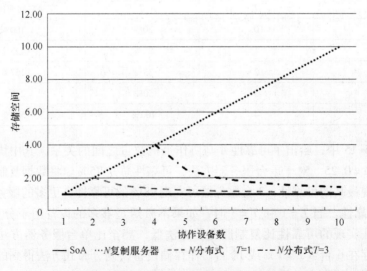

图 5-16　3 种不同方法所分配的存储空间

最后，每当在云中存储信息时，机密性都是一个非常重要的问题。我们基于非理想用户或非目标用户（如黑客）要访问存储数据所做的工作，进行非常简单的分析。由于我们将数据存储在移动设备上，因而黑客最终可能会成为某一设备的所有者（即云成员），并有兴趣了解我们在其设备上存储了什么样的数据。对于重复服务器方法，隐私和安全性随着我们在用的额外的每台设备增加而降低，且性能降低与 $1/N$ 成正比。对于分布式方法，需要对来自于至少 $N-T$ 台设备的信息进行采集，以至少获得一次可能的机会来破解数据。此外，入侵者需要拥有编码矢量，以便对数据进行解码。如果入侵者收集的信息块少于 $N-T$，则他不存在恢复原始数据的机会。因此，图 5-17 说明了针对不同方法，黑客收集无意识信息面临的困难与移动云中协作设备数量之间的关系。

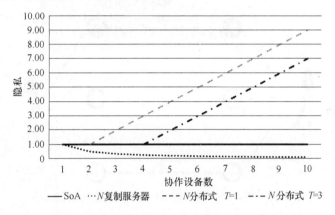

图 5-17　3 种不同方法抵御黑客攻击的鲁棒性

在这些简化计算中，我们通过研究可靠性、存储需求和抵御黑客攻击的鲁棒性，验证了分布式存储相对于新兴方法的有效性。如果将从分布式服务器中恢复数据时产生的时延考虑在内，则与编码分布式存储理念相关的增益同样比其他方法大。正如在 BitTorrent 工具中，可能存在着从不同源节点获取数据的速度需要加快的问题。但即使不考虑时延方面的问题，其他 3 个参数也足以说明使用网络编码和分布式存储带来的显著增益。

5.5.3　移动云中的安全、隐私和数据完整性

当涉及移动云服务时，安全和隐私始终是根本性问题。当我们与其他用户开展协作时，我们可能知道也可能不知道某些用户可能在无意识地监控数据的风险。对于组播服务来说，这可能不是一个大问题，因为数据本身就是被多个用户接收的，而对于单播服务来说，这就是一个大问题。正如我们在分布式存储实例中所看到的，单独采用网络编码（也许除此之外还采用了其他安全机制）就足以实现对数据的保护。对于分布式存储来说，只要数据没有完全存储在一个合作伙伴中，我

们就认为数据应当是安全的。这一结论同样适用于流服务。只要输入的数据流被中继到多台设备上，则每个中继节点将只拥有部分信息。如果将数据在所有流进行编码，则潜在黑客需要密钥和全部中继流，以获取完整的数据。这使得潜在攻击甚至比点对点通信或单路通信占主导地位的新兴通信系统中的攻击还要困难。

图 5-18 给出了多路通信和网络编码的潜在组合。这里，在两个用户之间，存在 3 条路径，在每条路径上，传输一个数据包的线性组合。在该实例中，潜在入侵者只是窃听一条数据流，而这决不会为攻击者提供任何信息。如果只是应用了分集技术，则黑客只能恢复原始数据的 1/3。

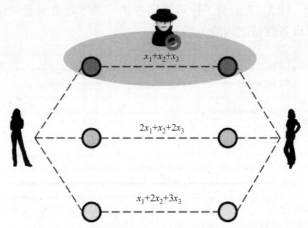

图 5-18　使用网络编码的网状网中的安全和隐私问题

攻击的另一种形式是操纵输入数据流，以破坏正在进行的通信。这里，主要目的不是窃听正在进行的通信内容，但至少要确保破坏正在进行的通信。

图 5-19 描绘了一个潜在攻击场景。故意插入恶意数据的问题可以通过同态编码[30,31]来解决，以维护数据的完整性。由于单一编码数据包不再拥有情境，且发送方和接收方之间交换的比特数是完全随机的，因而入侵者

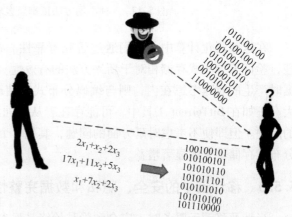

图 5-19　网络编码场景中的数据完整性

可能会尝试通过引入随机数据，目的只是为了恶化网络编码支持的通信性能。来自于原始源节点的编码数据包具有某种独特的指纹，如果采用了网络编码，则它支持接收方识别数据包究竟是来自于原始源节点，还是来自于试图发送数据的潜在入侵者。感兴趣的读者可参阅文献［30，31］。

5.6　结论

　　网络编码是移动云的一项关键技术，因为它提高了网状网的吞吐量，本身又提供了安全性，且在数据存储中引入了灵活性。网络编码对节能的影响也非常显著，因为它能减少数据向移动云发送的次数，以及移动云内的数据传输次数。在网状网中的吞吐量增加方面，流内网络编码相对于流间网络编码具有若干优势，因为它对移动节点之间的组织要求较少。未来，正如文献［32］所提出的那样，我们将对这两种编码方案进行组合，以共同利用其优点。流内编码的复杂性相对较高，但研究结果表明，当前的实现方案能够以足够高的编码速度运行于任意嵌入式系统上[22]。通常情况下，网络编码确保了给定网络的最大容量可以实现。此外，在本章中，我们已经证明，如果应用了网络编码，则中继节点可以降低负载。从社会的角度来看，这不仅将对网络总容量产生积极的影响，而且还有助于说服第三方节点参与协作。在本章中，我们还演示了如何在移动设备上使用网络编码实现分布式存储。此外，我们验证了在先进方法上采用网络编码的优势。网络编码将在未来的通信系统中发挥重要作用，因为这将有助于提升移动云运营质量。

参 考 文 献

[1] R. Ahlswede, M. Cia, S.Y.R Li and R.W. Yeung. Network Information Flow. *IEEE Transactions on Information Theory*, 46(4):1204–1216, 2000.

[2] D.A. Patterson, G. Gibson and R.H. Katz. A Case for Redundant Arrays of Inexpensive Disks (raid). In ACM New York, editor, in *Proceedings of the 1988 ACM SIGMOD International Conference, on Management of Data*, pages 109–116, NY, USA, 1988.

[3] P. Elias, A. Feinstein and C.E. Shannon. Note on Maximum Flow through a Network. *IRE Transactions on Information Theory IT-2*, pages 117–119, 1956.

[4] S. Katti, H. Rahul, W. Hu, D. Katabi, M. Medard and J. Crowcroft. Xors in the Air: Practical Wireless Network Coding. In ACM Press, *In Proceedings of the 2006 Conference on Applications, technologies, architectures, and protocols for computer communications (SIGCOMM06)*, pages 243–254, 2006.

[5] M. Hundebøll, J. Leddet-Pedersen, J. Heide, M.V. Pedersen, S.A. Rein and F.H.P. Fitzek. Catwoman: Implementation and Performance Evaluation of IEEE 802.11 based Multi-Hop Networks using Network Coding. In *IEEE VTS Vehicular Technology Conference Proceedings*, IEEE, 2012.

[6] S. Gollakota and D. Katabi. Zigzag Decoding: Combating Hidden Terminals in Wireless Networks. In *ACM SIGCOMM 2008 Conference on Data communication (SIGCOMM '08)*, pages 159–170, New York, NY, USA, 2008.

[7] S. Katti, S. Gollakota and D. Katabi. Embracing Wireless Interference: Analog Network Coding. In *Applications, technologies, architectures and protocols for computer communications (SIGCOMM '07)*, pages 397–408, ACM, New York, NY, USA, 2007.

[8] S. Zhang, S.C. Liew and P.P. Lam. On the Synchronization of Physical-Layer Network Coding. In *IEEE Information Theory Workshop*, pages 404–408, 2006.

[9] F. Zhao and M. Medard. On Analyzing and Improving Cope Performance. In *Proc. of Info. Theory and App. Workshop (ITA)*, 2010.

[10] F. Zhao, M. Medard, M. Hundebøll, J. Ledet-Pedersen, S.A. Rein and F.H.P. Fitzek. Comparison of Analytical and Measured Performance Results on Network Coding in IEEE 802.11 Ad-Hoc Networks. In *The 2012 International Symposium on Network Coding*, June 2012.

[11] A. Paramanathan, U.W. Rasmussen, M. Hundebøll, S.A. Rein, F.H.P. Fitzek and G. Ertli. Energy Consumption Model and Measurement Results for Network Coding-Enabled IEEE 802.11 Meshed Wireless Networks. In

IEEE International Workshop on Computer-Aided Modeling Analysis and Design of Communication Links and Networks (CAMAD), Barcelona, Spain, 2012.

[12] K.F. Nielsen, T.K. Madsen and F.H.P. Fitzek. Network Coding Opportunities for Wireless Grids formed by Mobile Devices. In Springer, in the ICST Lecture Notes (LNICST) series, editor, *The Second International Conference on Networks for Grid Applications*. ICST, October 2008.

[13] K.F. Nielsen and F.H.P. Fitzek. Youtube video: Network coding n810. http://www.youtube.com/watch?v=VZYLSyZaEO8.

[14] B.A.T.M.A.N. – better approach to mobile ad–hoc networking. http://www.open-mesh.org/projects/batmand/wiki, 2007-2013.

[15] G. Ertli, A. Paramanathan, S. Rein, D. Lucani and F.H.P. Fitzek. Network Coding in the Bidirectional Cross: A Case Study for the System Throughput and Energy. In *IEEE VTC2013-Spring: Cooperative Communication, Distributed MIMO and Relaying*, Dresden, Germany, June 2013.

[16] M. Hundebøll, S.A. Rein and F.H.P. Fitzek. Impact of Network Coding on Delay and Throughput in Practical Wireless Chain Topologies. In *IEEE CCNC - Wireless Communication Track*, 2013.

[17] T. Ho, R. Koetter, M. Medard, D. Karger and M. Ros. The Benefits of Coding Over Routing in a Randomized Setting. In *Proceedings of the IEEE International Symposium on Information Theory, ISIT03*, 2003.

[18] F.H.P. Fitzek, J. Heide, M.V. Pedersen and M. Katz. Implementation of Network Coding for Social Mobile Clouds. *IEEE Signal Processing Magazine*, January 2013.

[19] J. Heide, M.V. Pedersen, F.H.P. Fitzek and T. Larsen. *Network Coding in the Real World*, chapter 4, pages 87–114. Academic Press, Oct 2011.

[20] M. Pedersen, J. Heide, F.H.P. Fitzek and T. Larsen. Network Coding for Mobile Devices - Systematic Binary Random Rateless Codes. In *Workshop on Cooperative Mobile Networks 2009 - ICC09*. IEEE, June 2009.

[21] M.V. Pedersen, J. Heide, F.H.P. Fitzek and T. Larsen. A Mobile Application Prototype using Network Coding. *European Transactions on Telecommunications (ETT)*, 21(8):738–749, December 2010.

[22] M.V. Pedersen, J. Heide, P. Vingelmann and F.H.P. Fitzek. Network coding over the $2^{32} - 5$ prime field. In *IEEE International Conference on Communications (ICC) Symposium*, Budapest, Hungary, June 2013.

[23] Q. Zhang, J. Heide, M.V. Pedersen, F.H.P. Fitzek, J. Lilleberg and K. Rikkinen. *Network Coding and User Cooperation for Streaming and Download Services in LTE Networks*, chapter 5, pages 115–140. Academic Press, Oct 2011.

[24] L. Militano, F.H.P. Fitzek, A. Iera and A. Molinaro. Evolutionary Theory for Cluster Head Election in Cooperative Clusters Implementing Network Coding. In *European Wireless 2009*, Aalborg, Denmark, May 2009.

[25] L. Militano, F.H.P. Fitzek, A. Iera and A. Molinaro. A Genetic Algorithm for Source Election in Cooperative Clusters Implementing Network Coding. In *IEEE International Conference on Communications (ICC 2010) - CoCoNet Workshop*, May 2010.

[26] L. Militano, F.H.P. Fitzek, A. Iera and A. Molinaro. Network Coding and Evolutionary Theory for Performance Enhancement in Wireless Cooperative Clusters. *European Transactions on Telecommunications (ETT)*, 21(8):725–737, December 2010.

[27] L. Militano, F.H.P. Fitzek, A. Iera and A. Molinaro. Data Seeding in Nomadic Cooperative Groups. In *Sixth Workshop on multiMedia Applications over Wireless Networks (MediaWiN) in association with the Sixteenth IEEE Symposium on Computers and Communications (ISCC 2011)*, Kerkyra, Greece, 2011.

[28] L. Militano, F.H.P. Fitzek, A. Iera and A. Molinaro. Group Interactions in Wireless Cooperative Networks. In *Wireless Access, IEEE Vehicular Technology Conference (VTC) - Spring 2011*, Budapest, Hungary, 15-18 May 2011. IEEE.

[29] P. Vingelmann, M.V. Pedersen, F.H.P. Fitzek and J. Heide. Data Dissemination in the Wild: A Testbed for High-Mobility MANETS. In *IEEE ICC 2012 - Ad-hoc and Sensor Networking Symposium*, June 2012.

[30] C. Gkantsidis and P. Rodriguez. Cooperative Security for Network Coding File Distribution. In *IEEE Infocom*, 2006.

[31] Maxwell and N. Krohn. On–the–fly Verification of Rateless Erasure Codes for Efficient Content Distribution. In *Proceedings of the IEEE Symposium on Security and Privacy*, pages 226–240, 2004.

[32] J. Krigslund, J. Hansen, M. Hundebøll, D. Lucani and F.H.P. Fitzek. Core: Cope with More in Wireless Meshed Networks. In *IEEE VTC2013-Spring: Cooperative Communication, Distributed MIMO and Relaying*, Dresden, Germany, June 2013.

第6章　移动云的形成和维护

大自然是一种可变云，它总是呈现不一样的形态。

——拉尔夫·沃尔多·爱默生

本章讨论了移动云的动态特性，特别是在云经历影响其运行的变化情形中。我们可以识别出下面三种移动云运行阶段：云形成、云运行和云维护。第一阶段和最后一个阶段与移动云的动态变化最为相关，而第二阶段假定云在这一段时间内保持不变。除了研究云形成和云维护阶段之外，本章还讨论了可用于管理云变化的可能方法。本章还考虑了与云形成和维护密切相关的服务发现问题。

6.1　引言

移动云的节点——移动设备，能够自由移动和漫游，因而原则上云在运行过程中，易发生动态变化。变化包括移动设备加入或离开云，以及设备在云中移动、改变节点间的连接状态并因此改变云的拓扑结构。因驻留在节点中的资源可用性和瞬时条件存在波动也会导致变化的发生。需要理解的一个关键问题是如何以有效方式对这些变化进行管理。本章对这一问题进行了讨论，并将移动云的具体特点考虑在内。即使人们围绕移动 Ad Hoc 网络（Mobile Ad Hoc Network，MANET）课题开展了大量的研究，集中式实体（如基站和接入点）的存在为移动云的动态管理提供了一个新的视角。

6.2　移动云形成阶段

顾名思义，移动云是一种节点具有移动性的动态系统。由此可见，节点之间的交互原则上是机会性的。移动云动态特性涉及诸多方面。首先，涉及移动云本身的形成。其次，一旦移动云达到了给定的通用大小 N，则人们可以预测到云中因诸如节点具有移动性、节点资源的状态易出现波动和节点用户做出决定等因素而随后即将发生的变化。一般来说，我们可以在移动云运行过程中定义 3 个基本阶段，即

移动云形成：这是最初的过程，移动云计算在该过程中逐渐从单节点（无云）发展到节点数为 N 的云。该过程如图 6-1a 所示。人们可能会问，是什么原因促使节点加入移动云，在实践中是如何对这一运行过程进行管理的，以及许多其他相关问题。在这一点上，我们仅仅介绍服务发现的过程，它以广播的形式在本地（即

节点作用的运行区域）广播与该区域所提供服务有关的信息，以及其他可能的服务信息。服务发现将在本章后面各节进行更为详细的描述。新节点可能会决定加入其他节点当前正在使用的特定服务，这些节点已经成为移动云的成员。在最一般的情况下，节点（或更精确地说，控制节点的用户）需要一种加入移动云的明确激励机制，因为通常情况下，人们会希望能够从其协作行动中获得一定的好处。激励可以是纯技术性的，如增强的数据支持和服务质量（QoS）、电池的更有效使用及其他激励。当然，激励也可以在其他领域（如金融和社会领域）发生和被提供。

移动云运行： 在这阶段，我们假定移动云在参与节点数、节点关系（如距离）和节点资源状态等方面，都处于一种相对稳定的状态，如图 6-1b 所示。这一阶段表明移动云制定协作策略和分析移动云运行所需的假设都已做出。在现实生活中，这种稳定状态存在给定时间周期内，并取决于节点和运行场景的动态本质。由于本章主要是针对移动云的动态问题开展研究的，因而我们将不再针对这一特定阶段做进一步详细讨论。需要注意的是，在其他章节中，当涉及云节点之间的协作以及节点和覆盖网络之间的协作时，都假设采用此阶段的运行模式。

移动云维护： 在实践中，当涉及移动性时，移动云的节点可能是移动设备、可搬移设备和固定设备的混合组合。新节点可以加入工作云，且已经加入云的节点可以在任何时间从云中离开。此外，节点可以在云内移动，可能改变节点之间的连接状况。图 6-1c 描述了典型的云维护情况。在云中，还存在其他不断变化的情况，它们是需要进行管理的，这些情况包括：

1）用户在使用其移动设备和服务时所做的决定；

2）移动设备和服务、单一资源（如设备资源）、共享资源（如公共资源）的可用性和状况；

3）自私的用户行为；

4）安全威胁。

在这一点上，人们可能会问：如何对云形成和维护进行管理？哪些实体参与了这些过程？通常情况下，我们使用术语——移动云管理来代表包含了云形成和维护的过程。首先，我们从移动云的分支网络来走近云管理。一方面，可以将移动云看作是与移动节点交互的 Ad Hoc 网络。从这个角度来看，存在着大量研究 Ad Hoc 网络（尤其是移动 Ad Hoc 网络）动态特性的文献。在 MANET 中，通常按照一定的预定标准选择簇头，且该节点将负责管理因节点移动性而导致的任何可能变化、用户决策或资源的当前状态。虽然术语簇头在研究文献中得到了广泛的应用，但是在这里我们优先使用等效术语——云头，来反映所研究的移动云的事实。可能存在着多个的云头，原则上这些关键节点可能会随时间而发生变化，这是由于节点和云的状况不断变化，以及公平性方面的原因。如果移动云的规模变大，则对大量节点进行高效管理会成为一种挑战，此时将云划分成若干朵较小的云是可行的，每朵云都拥有自己的云头。在 MANET 中，我们将这种划分称为分簇。分簇是非常重要的，因为：

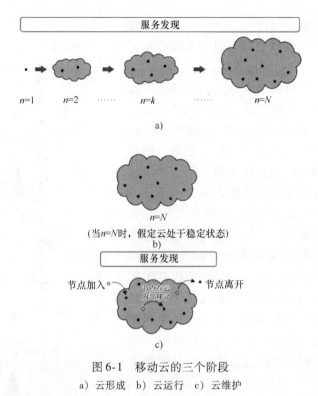

图 6-1 移动云的三个阶段

a）云形成 b）云运行 c）云维护

1）它有利于实现公共资源（如频率）的重用；

2）它提高了分布式资源的利用率（如每次变化影响的节点数量变少）；

3）它增强了路由过程效率[1, 2]。

将节点分组到不同簇时，可以基于多项标准，包括支配集分簇、低维护分簇、移动性感知分簇、节能分簇、负载均衡分簇和基于组合指标的分簇[2]。从移动云的角度来看，分簇还可以根据用户对某些公共内容的兴趣、节点资源的密切关系或互补性、用户之间及与其他用户的社会关系来实现。一般来说，簇内定义了 3 种类型的节点，即常规（或成员）节点、簇头/云头节点和网关节点[3]。常规节点是指那些不承担特别簇责任的普通节点。簇头/云头节点需要完成诸多关键任务，包括管理簇的动态特性、处理簇内的调度、转发和路由操作问题，并进行功率控制，其作用相当于簇内的临时接入点。网关节点充当簇之间的连接链路。同样，分簇不在本章的讨论范围之内，但感兴趣的读者可参阅文献［1-6］，来对这一主题进行全面深入的讨论。

移动云的动态特性也可以由其他分支网络（即覆盖蜂窝网络）进行管理。在这种方法中，需要将节点中可能发生的任何变化通知给控制基站。我们假定网络侧存在一个能够接收、更新和管理节点信息的实体。针对此类用途，文献［7, 8］提出了专用协作控制服务器（Cooperative Control Server, CCS）。原则上，CCS 的作用类似于簇头或云头，但理所当然该实体的位置远离云，而位于网络侧。CCS 的主要优点是它可以集中访问云的每个移动节点。由上可知，我们可以说，CCS 负责以直接、简单的方式监督整个云。虽然云头能够执行相同的任务，但是云头本身易受到云动态和机会特性的影响。例如，如果云头离开云或处于关闭状态，则它需要先将它所拥有的与云相关的信息传送给新选择的云。这可能会面临挑战，因为对于云中所有节点来说，变化应当是以透明方式发生的。与云的本地管理相比，访问覆盖网络不仅速度缓慢，而且在能耗和频谱使用方面成本昂贵。的确，每个连接到基站的节点将定期或基于事件驱动来与 CCS 交换信息，并因此会消耗授权蜂窝频谱和相对较多的能量。云上的任何重要变化总是会被记录在 CCS 中，由于 CCS 位于云外，因而不会受到云拓扑或云中任何其他变化的影响。

在考虑移动云的管理时，面临的一个最重要问题是解决方案的性能和成本。性能主要是指适配速度以及用户察觉到的对服务质量的影响。成本是指诸如用于形成和维护移动云所需的公共资源和节点资源数量（如分别对应的频谱使用和能耗）、复杂性（如开销和实现需求）等诸多问题。移动云将集中式架构和分布式架构结合在一起，它恰恰是支持高效云管理的混合型拓扑，旨在充分利用集中式架构和分布式架构的优势。可以将云主导方和 CCS 的概念自然地融入到移动云中去，从而形成一种既可以采用本地管理方法，又可以采用远程管理方法的系统。本地管理具有反应高速、灵活性高、能源和频谱资源使用高效的特点，而 CCS 提供了一种简单的集中式方法，它对云中的动态变化是鲁棒的。图 6-2 给出了上述用于管理移动云的三种架构方法，即本地（纯 Ad Hoc）方式、远程（纯蜂窝）方式和分布式或混合（蜂窝和 Ad Hoc）方式。

图 6-2c 给出了实现分布式管理的一种可能方式，即在云头和 CCS 之间建立一

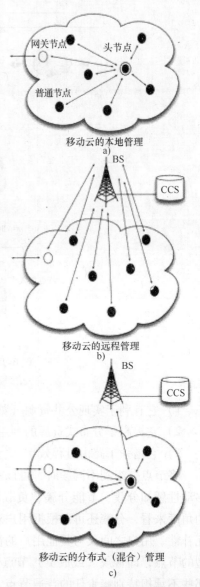

图 6-2　用于管理移动云的架构方法
a）本地（Ad Hoc）方式
b）远程（蜂窝）方式　c）混合方式

条直接链路。但是，这种简单的方法无法利用移动云中可用的固有分集技术。例如，节点的多样性容易给系统带来冗余，且可以在节点和基站或接入点之间建立多条并行上行链路或下行链路连接，以增强无线连接的性能和质量。当然，这是在增加信令和能耗的代价下实现的。

对于移动云管理来说，为了获得对不同架构解决方案性能的洞察，我们对 4 种不同方法在形成规模为 N 的云时所需的能量以及该进程所涉及的时延等方面的性能进行比较。我们假定，云是通过一种简单的服务发现过程而形成的，这样每台移动设备广播一条 *Hello* 消息，该消息包含了移动设备的标识符以及其感兴趣的服务信息。随后，移动设备进入固定时间监听状态，即从相邻移动设备处接收类似的信息。定期重复该过程，并将云中的动态变化考虑在内。我们只考虑加入云的设备，因为我们在这里主要对云形成性能感兴趣。我们假定相邻移动设备之间仅存在单跳连接。这里，我们研究用于管理云的 5 种架构，即

1）本地（Ad Hoc），如图 6-2a 所示；

2）远程（蜂窝），如图 6-2b 所示；

3）分布式混合上行链路和下行链路（Hybrid Uplink and Downlink，HDD），如图 6-2c 所示；

4）分布式蜂窝上行链路混合下行链路（Cellular Uplink Hybrid Downlink，CUHD）；

5）分布式混合上行链路蜂窝下行链路（Hybrid Uplink Cellular Downlink，HUCD）。

CUHD 对应于上行链路管理信令通过蜂窝链路（蜂窝到 CCS）实现、下行链路信令使用 CCS 和移动头之间的直接链路实现的混合情形。同样，HUCD 代表上行链路信号从云头传输到 CCS，而下行链路信号通过使用 N 条蜂窝链路单独进行传输的情形。图 6-3 给出了形成规模为 N 的云所需的时间（N 的取值范围为 2 ~ 20），假定 N 台设备先后加入到云中，除了服务发现协议所需时间之外，不会产生额外的时间。模型和假设的更多细节请参阅文献［7］。正如预期的那样，最快的响应出现在对云进行本地管理（Ad Hoc）的情形中，而最慢的响应情形对应于远程管理方法。需要注意的是，由于物理上相距较近以及云中设备之间的链路支持的吞吐量比蜂窝链路高，因而本地交互会导致处理时延变短。分布式方法的时延性能介于两种极端情况之间。

对于规模较小的云（如 $N < 20$），处理总时延并不十分重要。图 6-4 给出了在我们所考虑的 5 种方案中，形成规模为 N 的云所需的能耗。正如预期的那样，我们又看到了有些类似的特性，即本地管理是最节能的，而远程管理是最耗能的。然而，直接通过单一链路（HDD）将云主导方与 CCS 连接起来的分布式方法性能，与本地管理方法的性能接近。使用这一实例，我们说明了云管理架构对性能的影响。然而，我们强调这样一个事实，即在对总体性能进行评估时，还需要将其他问

题考虑在内。节点动态特性对性能的影响是非常重要的。虽然纯 Ad Hoc 方法似乎是最有吸引力的方案（基于图 6-3 和图 6-4），但是分布式云管理方法可以提供更为可靠的架构，且充分利用了相对于动态节点，覆盖网络比较稳定且能够连续运行的事实。

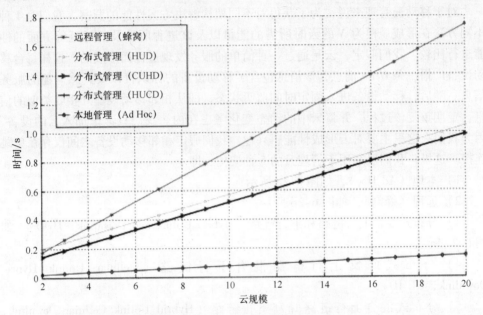

图 6-3　对于不同管理架构来说，形成规模为 N 的移动云所需的时间

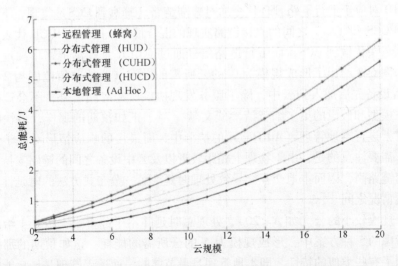

图 6-4　对于不同管理架构来说，形成规模为 N 的总能耗

6.3　移动云的服务发现

本节将以一种入门的方式，来讨论移动云的服务发现问题。通常，可以将服务发现定义为支持设备和服务自动检测的过程。本节重点介绍特别针对移动云设计的服务发现。这里，我们不描述当前的解决方案，如 Zeroconf[9] 和 Bonjour（苹果公司的 Zeroconf 实现方案），但后面我们将对其进行解读。第 10 章将对 Alljoyn 行动进行讨论。

我们要回答的第一个问题是：独立移动设备如何感知它们共同使用的某些协作服务？这个问题可以通过多种方式进行回答，因为服务可以从不同位置发起，既可以在移动云中，又可以在移动云外。此外，答案还与提供服务的单个实体或多个实体以及所提供的服务类型有关。给定移动云的固有灵活性和通用性，且将其能力看作是社会互动的平台，在移动云的情境中使用的术语服务提供，其含义比在传统情形中的更为广泛。在传统情形中，通常考虑一个或多个直接服务请求方（如客户）和单一服务提供商。

在过去几十年中，服务的概念不断演变，新的服务范式已经出现，它们主要是由组网和器件技术发展所驱动的。按照惯例，移动服务通常是由网络运营商和服务供应商使用集中式客户端/提供商模型来提供的。当然，分布式 Ad hoc 网络中的服务也是一个非常重要的发展领域，此时一个或多个节点可以承载一定的服务。移动设备都配备有日益强大的通信、处理和传感系统的事实，使得用户可以轻而易举地变成内容提供商并最终发展成服务提供商成为可能。存储在移动设备以及由移动设备产生的大量信息（如视频直播），都可以基于不同的服务原则，轻而易举地通过交易提供给其他用户，无论他是移动用户还是固定用户。这可以通过使用不同模型来实现，从单纯的朋友间共享信息到基于经济回报来提供所请求的服务。可以将这些思路扩展到移动云的情形。在移动云的情形中，云用户同意通过协作，来生成特定服务。这种移动云服务可以基于某些或所有形成云的设备所做的贡献来提供。这样，设备可以将某些指定资源放到资源池，并通过资源池来创建服务。可以将这种服务提供给移动云的成员，或者最终提供给移动云外任何感兴趣的用户。例如，移动云用户可能会将传声器和图像传感器组合起来使用，以提高所获取的音频和视频质量。这种做法不仅可供云成员自身享用，而且也可将实现盈利作为潜在目标。

图 6-5 说明了移动云领域可能存在的服务提供商和客户端。一方面，移动云的一个、几个或所有节点可以提供特定服务（云端服务提供）；另一方面，网络运营商或移动服务提供商也可提供相关服务（云外服务提供）。在前一种情况下，节点采取协作方式共享资源，以便创建新的服务。也可以考虑混合情形。在这种情况下，云节点和外部实体共同创建服务。除了服务主机之外，识别服务目标或客户端也是非常重要的。这些服务客户端既可能是移动云的节点成员，又可能是移动云外

的成员，还可能同时为两类目标用户提供服务，如图 6-5 所示。需要注意的是，图 6-5 所示的情形仅给出了服务提供实体及其对应的服务接受实体，而服务发现架构和管理并未包含在图中。

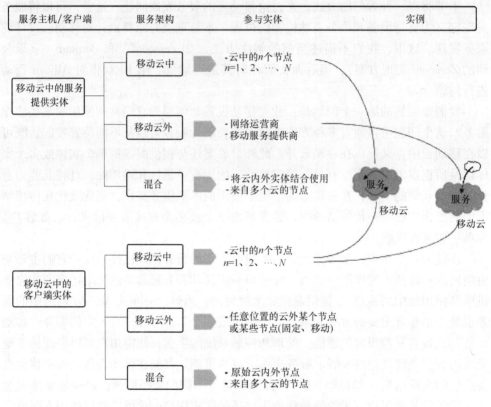

图 6-5　移动云中可能存在的服务提供商和客户

　　图 6-5 给出了移动云可能服务提供实体和客户端实体的两个实例。在图 6-5 最右边的实例中，服务提供商位于移动云外，而客户端位于移动云中。在实践中，这可能是一种协作内容传输的情形，我们将在第 9 章对其进行讨论。在这种情形中，云中用户对同一服务感兴趣，如从现场事件接收实时视频流。当然，此时服务提供商位于移动云外部，而客户端是移动云的节点。图 6-5 中的另一个实例考虑了服务供应商和客户端都属于移动云的情况。这里，我们考虑用户通过共享其扬声器来创建三维音频处理平台的实例。显而易见，用户本身既是服务提供商，又是服务客户端。

　　如前所述，每台移动设备拥有诸多板载资源，它既可以是诸如处理能力、传感器、大容量存储器和多种空中接口等有形的物理资源，又可以是诸如存储在设备上的信息或应用等无形资源。当移动云中的资源实现共享和组合时，我们可以将这些资源看作是分布式资源池。第 3 章对资源及其可能的用途进行了讨论。对于可能利用这些资源的移动云来说，用于管理云的某个实体或某些实体需要知道这些资源是否存在及其当前状态。事实上，云管理单元（如云主导方和 CCS）及最终的用户自身需要知道哪些资源是可用的，在特定时间内如何使用这些资源，资源任何可能的技术限制或用户强加于资源的使用限制。我们将重点放在用户的关键作用上，尤其是当将移动云服务发现问题考虑在内时，因为用户最终可能在诸多因素中，基于资源可用性和类型，来决定移动云的用途。

图 6-6 通过一个实例，描述了移动云的实际服务发现过程是如何实现的。该图给出了移动设备上服务发现屏幕的一个概念模型。根据该模型，用户可以获取紧邻（如在短距离通信覆盖范围内）的其他节点当前正在提供和使用的实时服务信息。我们假设一个新用户到达公共场所（如机场的候机大厅）。快速一瞟，用户就能知道该区域当前正在提供和消费的游戏、流媒体、下载和存储服务。还可以提供更多信息，包括多少用户加入每项服务，以及用户通过加入特定服务能够得到的预期增强或收益。

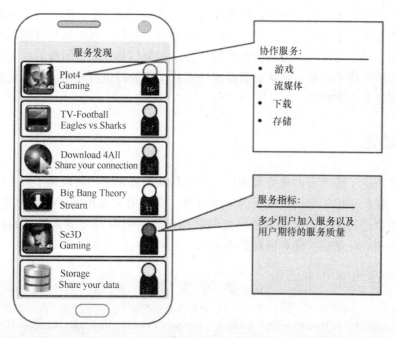

图 6-6　对于移动云来说，用于显示可用服务的可能服务发现实例

如前所述，可实现的收益或优势能够存在于不同域中，更确切地说，可能存在于性能、资源利用率和资源共享等领域内。新用户可能会对所提供的一种服务感兴趣，并决定加入相应的移动云。通常情况下，每个新用户能够为云带来新资源，且原则上这将使所有的云成员从中受益。文献［7，8］给出了一些实例，并对移动云中用于传送内容的不同策略进行了研究。研究结果表明，云中的用户越多，云中每

台移动设备完成任务所需的能量越少。新用户可能会对加入服务发现过程发布的任何可用服务都没有特别的兴趣，而更愿意加入其他服务，这些服务并不是移动云中的设备提供的。这样，用户不仅为移动云带来了新服务，而且还创建了移动云未来可能需要的基础设施。事实上，新用户的移动设备是移动云的原始节点（$N = 1$），最终其他设备将加入移动云。一旦该用户启动了某项新服务，则服务发现过程会将与之相关的信息进行广播。

对于移动云来说，服务发现是必不可少的，因为只有通过这一过程，移动云才能得以存在。基于服务发布信息和正在进行的服务发现过程的深度指导，用户将进行分簇，并形成移动云。围绕移动云的概念，可能会创建出一系列可能的应用，且原则上服务发现过程需要将这些应用中的一部分应用考虑在内。对于服务发现来说，这是关键挑战之一。我们需要告知用户某个给定区域内正在被其他移动用户所使用的服务，网络运营商和服务供应商所提供的服务，以及移动用户可能潜在创建的其他服务。所有这一切发生在高度动态变化的环境中，即移动设备数量通常随时间变化而不断发生变化。同时，服务发现应当是一个能量感知的过程，至少从移动设备的角度来看是这样的。此外，不同应用通常会提供不同优势和收益，因而以一种简单的、易于理解的和鼓励协作的方式传递此类信息是非常困难的。无论服务供应商和客户端位于何处，网络运营商或外部移动服务提供商充当的服务发现管理者的角色都是非常重要的。

6.4 结论

本章讨论了移动云的建立和维护。这一功能的真正实现将取决于所支持的用例和技术。我们采用了当前最先进的解决方案，但针对未来用例可能需要进行修改。需要对信令进行优化，以保持节点之间状态最新，但应避免铺天盖地的数据报交换，以实现吞吐量最大化和能耗最小化。

参 考 文 献

[1] M.U. Bokhari, H.S.A. Hamatta and S.T. Siddigui. A Review of Clustering Algorithms as Applied in MANETs. *International Journal of Advanced Research in Computer Science and Software Engineering*, 2(11):364–269, November 2012.

[2] J.Y. Yu and P.H.J. Chong. A Survey Of Clustering Schemes For Mobile Ad Hoc Networks. *IEEE Communications Surveys & Tutorials*, 7(1):32–48, 2005.

[3] B.A. Correa, L. Ospina and R.C. Hincapi. Survey of Clustering Techniques for Mobile ad hoc Networks. *Revista Facultad de Ingeniera Universidad de Antioquia*, pages 145–161, September 2007.

[4] P. Ghosh, S. Nandy, N. Pandey and M.K. Naskar. Energy aware Algorithm for Clustering in Wireless Network. *International Journal of Computer Applications*, 53(10):1–10, September 2012. Published by Foundation of Computer Science, New York, USA.

[5] I.G. Shayeb, A.H. Hussein and A.B. Nasoura. Survey of Clustering Schemes for Mobile Ad-Hoc Network (MANET). *American Journal of Scientific Research*, 1(20):135–151, 2011.

[6] Dali Wei and H.A. Chan. Clustering Ad Hoc Networks: Schemes and Classifications. In *3rd Annual IEEE Communications Society on Sensor and Ad Hoc Communications and Networks*, volume 3, pages 920–926, 2006.

[7] H. Bagheri, P. Karunakaran, K. Ghaboosi, T. Braysy and M. Katz. Mobile Clouds: Comparative Study of Architectures and Formation Mechanisms. In *IEEE 8th International Conference on Wireless and Mobile Computing, Networking and Communications (WiMob)*, pages 792–798, 2012.

[8] T. Chen and M. Katz. Cooperative Architecture for Cellular-short-range Combined Mesh Networks. In *Proceedings of the 5th International ICST Mobile Multimedia Communications Conference*, London, UK, 2009.

[9] D.H. Steinberg and S. Cheshire. *Zero Configuration Networking: The Definitive Guide*. O'Reilly, December 2005.

第 3 部分

移动云的社会问题

第7章 自然界的协作原则

本能不是后天形成的，也不能说其他动物的本能是绝对好的，但是每种动物都可以充分利用了其他动物本能的优点！

——查尔斯·达尔文 （1859）

协作是旨在实现个人或共同目标、大家一起工作和交互的过程。协作存在于我们的日常生活中，最终它是我们社会的基础。协作不仅发生在人与人之间，而且它也是自然界普遍存在的一种现象。人类协作是受复杂的行为规则和模式制约的，比其他物种中出现的协作要复杂得多。动物王国中的协作，虽然比较简单，但非常高效，经常是许多工程开发的灵感来源。当我们将动物世界中的许多协作策略应用于一组诸如移动云节点等用户控制节点（即移动设备）时，会发现这些协作策略特别有用。本章通过几个实例，研究了自然界的协作问题，以及如何从中推出协作的基本规则。本章旨在通过将自然界中发现的协作与一组协作移动用户中出现的协作联系起来，鼓励读者识别并利用移动云的协作策略。同时，本章还讨论了博弈论理论方法，这尤其要归功于罗伯特·阿克塞尔罗德有影响力的工作推动。

7.1 引言

在本章中，我们基于从自然界中发现的实例，提出并讨论了协作的主要概念。自20世纪60年代以来，人们在这一领域开展了大量研究，但在这里，我们试图理解协作的关键基本原则。这些原则，是从自然界发现的协作行为中推断出来的，最终在开发移动云协作规则时，可以作为灵感的来源。通过理解吸血蝙蝠、猴子、猎豹、鬣狗的协作规则，可以得到最重要的规则。在自然界中，存在着诸如灰蝶幼虫和蚂蚁的共生以及其他诸多实例。这些规则往往非常简单，可以直接在移动设备上实现，从而在不增加任何复杂性的情况下获得协作收益。这里，我们将人类协作排除在外，因为具有或缺乏协作特性是受复杂的个人和社会规则制约的，往往会在诸多领域发挥作用。举例来说，人们并不总是对其协作行为进行优化，以获得尽可能高的收益（利润最大化），但他们还会考虑诸如伦理因素等其他问题。

对于那些性急的读者，我们在这里列出了动物王国中协作行为相关实例中最为重要的基本规则：

1）互惠（吸血蝙蝠）；
2）对骗子的检测和惩罚（吸血蝙蝠）；
3）对未来的协作进行投资（猴子）；
4）报酬容忍（吸血蝙蝠和猴子）；
5）协作伙伴的认知（吸血蝙蝠和猴子）。

为了理解这些协作规则的根源，我们将在以下各节对动物及其协作行为进行简要介绍。

7.2 猎豹和鬣狗

为了强调协作的重要性，我们将采用迥然不同的协作方法的两种动物进行比较。一方面，我们考虑猎豹。猎豹是陆地上跑得最快的动物，速度可以达到100km/h。猎豹主要捕杀诸如瞪羚、黑斑羚和跳羚等哺乳动物，成功率约为50%[2]。如果狩猎成功，猎豹需要休息一段时间来恢复应变能力。在这段时间内，猎豹冒着诸如狮子、最有可能是鬣狗等其他动物来偷猎物的风险。尽管单个鬣狗的体形比猎豹小，但几个鬣狗只要通过协作，猎豹就寡不敌众了。随着时间的推移，猎豹通过演进，变得苗条和快捷，从而支持这一物种能够成功狩猎更多的哺乳动物。但考虑到鬣狗的情况，苗条的身材成为一个问题，因为它无法保护食品，从而导致演进陷阱。鬣狗也需要面对和攻击狮子[3]，为了实现这一点，鬣狗需要一个更大的群体和缺乏经验的狮子。杜克大学最近的研究成果表明，在协作解决问题的测试中，鬣狗甚至优于灵长类动物[4]。正如达尔文所说的，协作是演进的一大关键特征[5]。尽管这个实例并不直接导致协作规则的形成，可是鬣狗和猎豹的实例强调了协作（土狼）相对于单打独斗方法（猎豹）的优势。

7.3 虎鲸（杀人鲸）

若干种动物都是以协作狩猎策略而闻名的。狮子和鬣狗协作只是数量上超过了目标，这是一种简单而有效的策略。虎鲸（俗称杀人鲸）采用特殊协作狩猎策略，来狩猎栖息在浮冰上的威德尔海豹。由于单只虎鲸自身无论是通过在浮冰上爬行，还是推动浮冰，都无法抵达栖息在浮冰上的海豹，虎鲸的狩猎策略基于多个个体之间的协作。

在文献［6］中，作者首次报道了由可靠研究数据支撑的狩猎策略。即使人们在20世纪70年代就已发现这一策略，但可靠的证据证明虎鲸的这种行为。文献［6］中报道的狩猎策略基于若干个步骤。第一虎鲸会将浮冰推到开阔海域，来将该从浮冰与周围浮冰隔离开来。然后，我们将这里提到的虎鲸称为主虎鲸，它会靠近浮冰，并协调其他虎鲸完美地同步利用一个大波浪，将海豹从浮冰冲洗下来。为了产生这样一个大波浪，虎鲸需要在水下迅速游向浮冰。就在它们到达浮冰之前，主虎鲸通过抽搐和口哨声来通知协作组何时击水（到达水面，并用其身体尾部拍水）。显而易见，为了生成具有最大冲击效应的波浪，虎鲸需要将目标浮冰隔离开来，并将其带到开阔海域，因为其他浮冰只会扰乱这一完美波浪。此外，对虎鲸来说，这是非常有利的，因为分离的海豹没有机会爬到附近其他浮冰而逃脱。采用这一先进策略，虎鲸在追捕分离的海豹方面有较高的成功率。

同时，人们还报道了用于座头鲸和虎鲸协作喂养的其他技术。一群鲸鱼协作驱赶鲱鱼，使得其他鲸鱼能够轻而易举地捕捉到鲱鱼。这就是所谓的泡沫网喂养[7]或转盘方法[8]。由于协作狩猎在几种物种之间是非常普遍的，因而这种狩猎策略需要注意的问题是单一虎鲸或一组虎鲸对协作组的规划和控制。另外，需要注意的是，在喂食收益方面的报酬容忍问题，因为不是所有参与的鲸都能在同一时间获得收益。在下面的章节中，我们将看到通常被称为簇头的相同技术。

7.4　吸血蝙蝠

吸血蝙蝠提供了一个很能说明问题的协作实例。原因在于，由吸血蝙蝠确定的一组规则是有限的，且已进行了明确的定义。文献［9-11］对吸血蝙蝠协作行为进行详细描述，但这里我们重点强调关键研究成果。吸血蝙蝠是以哺乳动物的血液为食，除此之外，它们没有其他食物可供选择。吸血蝙蝠生活在栖木上，但通常独自捕猎。独自找到食物的成功率相对比较低，因而并不总能保证存在满足其需求的充足食物。因此，吸血蝙蝠采用协作方式，以确保他们能够得到其日常所需的食物。所有发现食物的吸血蝙蝠将尽可能多地存贮食物，之后与该物种的其他个体进行共享。其他吸血蝙蝠不一定是家庭成员，而是来自于蝙蝠先前进行过血液交换的某个协作群体。因此，吸血蝙蝠的第一条规则是互惠——如果你现在给我吃，我以后也会让你吃。文献［12］对互惠的概念进行了详细描述。由于欺骗会对协作产生破坏作用，因而如果发现任何吸血蝙蝠存在欺骗行为，则会将其驱逐出协作群体。一个在返回到栖木之前没有找到任何血液的蝙蝠会向来自于自身协作群体的其他吸血蝙蝠发出提供食物的请求。如果请求被拒绝，则存在两种选择：接受请求的吸血蝙蝠要么没有血液，要么不希望与发出请求蝙蝠共享其食物，而是使用已发现的血液来扩大自己的协作群体。于是，发出请求的吸血蝙蝠会使用其鼻子在接受请求的吸血蝙蝠胃中检查是否存在血液，如果确实检测到血液，它会将该蝙蝠标记为骗子，永远不再与该蝙蝠交换食品。吸血蝙蝠具有非常灵敏的感官系统和比较发达的大脑，支持终生识别和记住那些骗子。因此，吸血蝙蝠的第二个规则是对骗子进行处罚，以保持协作的持续进行。如果搭便车蝙蝠能够免费得到他们所需的食物，则吸血蝙蝠之间的协作可能会完全崩溃。用处罚来促进协作也被人类所熟知[13]。已经完成的大量实验表明，用于维护协作的处罚是在牺牲潜在收益的前提下进行的。

7.5 猴子

　　猴子之间的协作为我们关于协作的讨论增加了有趣的见解。正如文献 [14, 15] 中所描述的那样，德瓦尔及其团队研究表明，猴子善于在协作方面投资。在其中一个实验里，关在笼子里的两只猴子为了得到食物协相互作。食物放在沉重的棒子上面，只有两个猴子齐心协力才能将其拉到笼子中。但事实上，该实验仅支持参与协作的一只猴子收集食物，因为它们被栅栏隔开。然而，事实证明，得到食物的猴子通过围栏与另一只猴子分享食物。此项研究令人印象深刻的结果是，猴子经常将多半食物与另一只猴子分享，即使他们联合参与获取食物的工作量是相同的。在人类的类似实验中，参与协作的人只会将一少半食物与另一个人进行分享。因此，猴子似乎善于在未来的协作活动上投资。德瓦尔研究成果给出的另一个事实是，猴子之间的协作在很大程度上取决于这些猴子是否相关。这一发现进一步印证了汉密尔顿的研究结果[8]（详细内容参见第 8 章）。因此，我们可以预期这种协作将会非常容易建立起来，且协作中存在着协作伙伴之间的认知。

7.6 囚徒困境

　　为了进一步理解自然界的协作规则，囚徒困境是一种用于解释自私或协作后果的、非常伟大的工具。1950 年，弗拉德和德雷舍中引入一个博弈，它研究了两名囚徒同时接受警方的询问，但他们互相不知道对方的回答。塔克进一步开发了该博弈，指定收益和惩罚。这两个囚徒都只能在两个选项之间进行选择，即背叛或协作。基于这两个同步决定，囚徒们接受其应有的惩罚，见表 7-1。检测意味着一名囚徒向警方坦白，试图减轻自己的惩罚。通过出卖另一个囚徒，他可以避免 3 年的惩罚。基于另一名友善囚徒的决策，监禁时间将被限制为 2 年。在最好的情况下，囚徒将被无罪释放，另一个囚徒将为他的忠诚付出代价，在狱中呆上 3 年。困境是，事实上，这两名囚徒无法协调其行动，并始终害怕同伙背叛自己。基于纳什均衡[17,18]，两名囚徒应该完全可以做到这一点，即出卖另一名囚徒，旨在得到一个可以接受的惩罚，并同时避免得到最严厉的惩罚。

表 7-1　由弗拉德和德雷舍提出的原始囚徒困境

		囚徒 2	
		协作（保持沉默）	倒戈（背叛）
囚徒 1	协作（保持沉默）	两人皆被监禁 1 年	囚徒 1 被监禁 3 年 囚徒 2 获得自由
	倒戈（背叛）	囚徒 2 被监禁 3 年 囚徒 1 获得自由	两人皆被监禁 2 年

囚徒困境的两个玩家可能存在 4 种不同的结果。如果两个玩家都选择背叛，则实现了纳什均衡。

在 20 世纪 80 年代，罗伯特·阿克塞尔罗德[19-21]围绕囚徒困境举办了两场比赛，寻求计算机程序的贡献，使玩家能够相互作用，以寻找最优策略，且博弈可以重复多个回合，而不是原始囚徒困境的一个回合。我们称之为重复囚徒困境。对于比赛，阿克塞尔罗德定义了积分奖励，见表 7-2。如果这两个玩家进行协作，则两个玩家的收益（R）为 3 分；如果一个玩家背叛，而另一个玩家选择协作，则诱惑（T）为 5 分，而傻瓜的收益（S）为零。如果两个玩家都选择欺骗对方，则他们将至少得 1 分作为惩罚。设计这些分数的方式是

$$T > R > P > S \tag{7-1}$$

表 7-2　阿克塞尔罗德提出的囚徒困境

		囚　徒　2	
		协　作	倒　戈
囚徒 1	协作	$R_1 = 3$，$R_2 = 3$	$S_1 = 0$，$T_2 = 5$
	倒戈	$T_1 = 5$，$S_2 = 0$	$P_1 = 1$，$P_2 = 5$

这是由阿克塞尔罗德提出的囚徒困境，可用于他的两场比赛中，且有

$$2R > T + S \tag{7-2}$$

由于阿克塞尔罗德希望囚徒困境迭代进行，因而式（7-2）是必要的，且不应当将交替策略看做协作的一种潜在候选方案。如果等式（7-2）不成立，那么玩家可以同意在懒洋洋地相互指望对方去赢得每秒的时间，从而实现比始终协作更多的分值。在第一场比赛中，阿克塞尔罗德会接纳几种不同复杂性的贡献。最简单的程序有 4 行代码，而其他程序有几百行代码。最后，获胜方是一种称为针锋相对的策略。该策略是相当简单的，在所有参与的代码示例中，4 行代码的复杂性是比较低的。在第一轮（协作）中，它问题表现得非常出色，然后一直不停地进行重复，无论其他玩家在前一轮中表现得如何（针锋相对）。这一策略相当成功。即使在第二次比赛中，若干年后，当针锋相对在研究界中人所皆知时，人们尚未发现比针锋相对结果更好的策略。

仅仅过了 20 年，来自于英国南安普敦大学的一个研究小组成功击败上述策略。正如文献［22］中所描述的那样，他们的方法是提交多个候选人。线索是所提交的候选人，这些候选人彼此熟识，且其中的某个候选人执行特殊的任务，而其他候选人执行相同的任务。当特殊候选人检测到外来策略时，他总是扮演针锋相对的角色，而当他/她意识到他/她自己的策略时，则会做出背叛的决策。当南安普敦实验中的其他候选人识别出特殊候选人时，他们会选择参与协作，否则他们将选择倒戈。主要思路是破坏其他策略的收益，同时优化特殊候选人的收益。这是利他主义的一种表现形式，因为赢得比赛的除特殊候选人之外的其他候选人表现欠佳。即使

针锋相对策略南安普敦实验中所有候选人的平均值还要好，它也无法战胜特殊候选人。这一实例证明了协作网络中认知的重要性，因为策略必须能够相互识别，并通过协作来超越针锋相对策略。

为了初步解释针锋相对策略如何能够成功，我们对 3 种不同的策略进行研究，并对如果双方对阵，对方将如何执行这一问题进行探讨：

协作。在这一策略中，玩家会一直协作，并希望别人也这样做。玩家对前一次博弈的结果是不可知的。

倒戈。在这一策略中，玩家将会一直倒戈，并希望获得最大收益。这里，玩家也不会改变自己的策略。

针锋相对。在这一策略中，玩家从协作开始，然后重复对手的上一次动作。这一策略是自适应的，与先前的博弈结果有关。

两个玩家对阵的收益如表 7-3 所示。如果博弈需要无限的步骤，则这些结果可以实现。针锋相对和倒戈之间的博弈分值取决于迭代次数。倒戈策略（相对于针锋相对策略）的恰当分值为 $\frac{4+i}{i}$，而针锋相对策略（相对于倒戈策略）的恰当分值为 $\frac{i-1}{i}$。对于较大的 i 值来说，这两个值将收敛于 1，如表 7-3 所示。从表 7-3 中我们也可以看出，协作策略正在被检测策略所使用。倒戈与协作之间的博弈是通常给倒戈玩家 5 分，而给协作玩家 0 分。所以，轻信的协作不是正确的策略。从表 7-3 中我们还可以看出，对于倒戈的家伙来说针锋相对策略是鲁棒的，即使一开始需要对其进行调整。在较长的运行过程中，两种策略会打个平局，每种策略得 1 分。因此，这场博弈的胜负取决于迭代次数（在比赛中迭代次数是非常高的）。

表7-3　阿克塞尔罗德所用囚徒困境的 3 种不同方法的收益得分

	协作	倒戈	针锋相对
协作	3	0	3
倒戈	5	1	1
针锋相对	3	1	3

这里给出了 3 种不同策略在对阵时可以得到的平均分。

此外，如果参与博弈过程的有多个玩家（两个以上），则结果将会发生变化。每个玩家的预期收益分别为 E_C（由公式 7-3 给出）、E_D（由公式 7-4 给出）和 E_{TFT}（由公式 7-5 给出）。执行协作策略的玩家数可表示为 C、D，执行针锋相对策略的玩家数可表示为 T。

$$E_C = 3 \cdot \frac{C-1}{T+D+C-1} + 3 \cdot \frac{T}{T+D+C-1} \tag{7-3}$$

$$E_D = 5 \cdot \frac{C-1}{T+D+C-1} + 1 \cdot \frac{D-1}{T+D+C-1} + 1 \cdot \frac{T}{T+D+C-1} \tag{7-4}$$

$$E_{\text{TFT}} = 3 \cdot \frac{C-1}{T+D+C-1} + 1 \cdot \frac{D}{T+D+C-1} + 1 \cdot \frac{T-1}{T+D+C-1} \qquad (7\text{-}5)$$

对于潜在博弈结果来说，我们已经提到了博弈执行次数的重要性。在完成足够多次的博弈后，式（7-3）、式（7-4）和式（7-5）给出了分值。为了探讨博弈的初始阶段，我们切换到仿真。

在图 7-1 中，我们给出了两种不同场景下可实现的分值与仿真步骤数量之间的关系。我们使用 NetLogo 仿真工具[23]来测试这两种场景。采用 NetLogo 工具的所述 PD 场景的源代码参见文献［24］。NetLogo 是一种基于代理的仿真工具。每个代理都拥有一种给定策略，且与一起参与博弈的其他代理随机相遇。在仿真过程中，可以对给定策略的代理数自由进行定义。在第一种场景中，10 位玩家采用了倒戈策略，而 10 位玩家采用了针锋相对策略（$T=10$，$D=10$，$C=0$）。在第二种场景中，两种策略的玩家数增加至 1000 位（$T=1000$，$D=1000$，$C=0$）。正如我们在前面所提到的，所得分数取决于迭代步骤数。

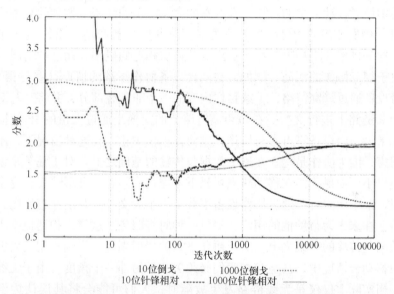

图 7-1　在两种不同场景设置下，因徒困境问题采用倒戈和针锋相对策略可以得到的分数

图 7-1 表明，在两种场景下，采用倒戈策略始终能够得到更好的结果。原因在于玩家必须知己知彼，并改变其行为（在针锋相对的场景下）。在第一种场景下，需要几百个仿真步骤，直到针锋相对策略优于倒戈策略为止。在第二种场景下，每个策略的玩家多达 1000 位，针锋相对策略跑赢倒戈策略所需的仿真步骤达到数千个。针锋相对策略能够获得比倒戈策略更多收益的时间点非常重要。玩家需要了解其他玩家的策略。在先前的研究中，我们称其为认知。此外，我们看到，对于倒戈策略来说，策略的总分值收敛到 1；对于针锋相策

略来说，策略的总分值收敛到 2。鉴于虚拟世界的规模、代理人的移动性和代理商数量，对于 20 位代理来说，每次仿真所需的博弈数是 1.37；对于 2000 位代理来说，这一博弈数是 1807。

对于选择倒戈策略的任意数目玩家 D 和选择针锋相对策略的任意数目玩家 T 来说，式 (7-6) 和式 (7-7) 分别给出了在任意给定迭代步骤 i 上的预期分值 $E(i)$。当 i 值较大时，每个等式的最后部分将变为 1，但在初始阶段，这一项仍具有显著的影响。对于拥有 2000 个节点的第二种场景，在第一次迭代结束后，选择倒戈策略和选择针锋相对策略所得的分数分别为 3 和 1。当迭代次数较大时，选择倒戈策略和选择针锋相对策略所得的分数分别为 1.5 和 2。

$$E_{\text{TFT}(i)} = 3 \cdot \frac{T-1}{T+D-1} + \frac{D}{T+D-1} \cdot \frac{i-1}{i} \tag{7-6}$$

$$E_{\text{D}}(i) = \frac{D-1}{T+D-1} + \frac{T}{T+D-1} \cdot \frac{4+i}{i} \tag{7-7}$$

囚徒困境对移动云中的协作具有特殊的意义。正如汉密尔顿和阿克塞尔罗德在文献 [21] 中所描述的，再次相遇的概率会对预期收益产生严重影响。在移动云情境中，这一概率并不局限于两个玩家实际再次相遇的概率。在这种情况下，这一概率取决于相互协作的活动。例如，在两台设备协作下载的情形（参见第 9.2 节）中，每台设备通过蜂窝链路，下载目标内容的一个非重叠部分，并将其与对应的设备在短距离链路上进行交换。在短距离链路上的交换是通过大量的 IP 数据包来实现的。如果另一台设备不再参与协作，则协作很快中止。在这种情况下，不会对双方造成损害，因为协作是建立在逐个数据包传输的基础之上。对于骗子来说，投资小，收益也小。如果我们在移动热点场景下考虑这一问题，则事情就会完全不一样了。这里，某个用户可以通过协作设备下载了一个大文件。基于互惠原则，被帮助的用户将会在未来为帮助他的用户，提供一种对等服务。这里，相遇概率不是建立在逐个数据包传输的基础之上。对于协作下载的情形来说，得到利用的可能性要大一些。在移动云情境中，甚至存在我们必须关注的另外一个角度。由于无线链路容易出错，当实际上仅仅是无线链路发生故障时，人们可能会将其误认为倒戈。因此，我们的策略需要更加鲁棒。在文献 [25] 中，阿克塞尔罗德噪声存在时重复囚徒困境的性能问题。在易于发生数据包消失的无线网络中，这一点对协作来说非常重要。这种数据包消失会导致协作倒戈的误检，从而破坏性能。因此，该算法必须足够鲁棒，且对无线媒体性质的了解程度不太严格。

7.7 结论

在本章中，我们通过研究鬣狗、猎豹、吸血蝙蝠、猴子和其他动物的行为，对协作的基本规则进行了讨论。派生的规则相当简单，在移动设备和通信协议上易于使用。此外，我们介绍了囚徒困境的基本概念，对不同策略进行了研究。拇指基本原则之一是，每当高频率的互惠是可以实现时，则协作将健康发展。

参 考 文 献

[1] O. Leimar and A.H. Axen. Strategic Behavior in an Interspecific Mutualism: Interactions between Lycaenid Larvae and Ants. *Animal Behavior*, 46:1177–1182, 1993.

[2] S.J. O'Brien, D.E. Wildt and M. Bush. The Cheetah in Genetic Peril. *Scientific American*, 254(5):6876, 1986.

[3] Michigan State University. Now take a Look at what happens when Spotted Hyenas cooperate against a Group of Lions. http://museum.msu.edu/exhibitions/Virtual/hyena_kiosk/HyenaCooperation. html.

[4] Duke University. Hyenas cooperate, problem-solve better than Primates. http://today.duke.edu/2009/09/hyenas.html, 2009.

[5] C.R. Darwin. The Origin of Species. *The Harvard Classics. New York: P.F. Collier & Son*, XI:1909–1914, 2001.

[6] R.L. Pitman and J.W. Durban. Cooperative Hunting Behavior, Prey Selectivity and Prey Handling by Pack Ice Killer Whales (Orcinus orca), Type B, in Antarctic Peninsula Waters. *Marine Mammal Science*, 28(1):16–36, January 2012. http://dx.doi.org/10.1111/j.1748-7692.2010.00453.x.

[7] D. Wiley, C. Ware, A. Bocconcelli and D. Cholewiak. Underwater Components of Humpback Whale Bubble-net Feeding Behavior. *Behaviour*, 148(5):575–602, 2011.

[8] T. SimilÃd' and F. Ugarte. Surface and Underwater Observations of cooperatively feeding Killer Whales in Northern Norway. *Canadian Journal of Zoology*, 71(8):1494–1499, August 1993.

[9] F.H.P. Fitzek and M. Katz, editors. *Cooperation in Wireless Networks: Principles and Applications – Real Egoistic Behavior is to Cooperate!* ISBN 1-4020-4710-X. Springer, April 2006.

[10] M. Ridley. *The Origins of Virtue : Human Instincts and the Evolution of Cooperation*, 1998.

[11] G. Wilkinson. Reciprocal Food Sharing in Vampire Bats. *Nature*, 308:181–184, 1984.

[12] V. Smith, E. Hoffman and K. McCabe. Reciprocity: The Behavioral Foundations of Socio-economic Games. *Springer-Verlag – Understanding Strategic Interaction - Essays in Honor of Reinhard Selten*, pages 328–344, 1997.

[13] N. Raihani, A. Thornton and R. Bshary. Punishment and Cooperation in Nature. *Trends in ecology & evolution (Personal edition)*, 27(5):288–295, May 2012.

[14] S.F. Brosnan and F. de Waal. Monkeys reject Unequal Pay. *Nature*, 425:297–299, 2003.

[15] S.F. Brosnan, H.C. Schiff and F. de Waal. Tolerance for Inequity may increase with Social Closeness in Chimpanzees. *Proceedings of the Royal Society, B-Biological Sciences*, 272:253–258, 2004.

[16] W.D. Hamilton. The Evolution of Altruistic Behavior. *The American Naturalist*, 97:354–356, 1963.

[17] C.A. Holt and A.E. Roth. The Nash Equilibrium: A Perspective. *Proceedings of the National Academy of Sciences of the United States of America (PNAS)*, 101:3999–4002, 2004.

[18] J.F. Nash. Equilibrium Points in n–Person Games. *Proceedings of the National Academy of Science of the United States of America (PNAS)*, 36:48–49, 1950.

[19] R. Axelrod. *The Evolution of Cooperation*. basic Books, 1984.

[20] R. Axelrod. *The Complexity of Cooperation*. Princeton Paperback, 1997.

[21] R. Axelrod and W.D. Hamilton. The Evolution of Cooperation. *Science*, 211:1390–1396, 1981.

[22] A. Rogers, R.K. Dash, S.D. Ramchurn, P. Vytelingum and N.R. Jennings. Coordinating Team Players within a Noisy Iterated Prisoner's Dilemma Tournament. *Theoretical Computer Science*, 377(1-3):243–259, May 2007.

[23] U. Wilensky. NetLogo pd n–Person Iterated Model. Center for Connected Learning and Computer-Based Modeling, Northwestern University, Evanston, IL, 2013.

[24] Frank Fitzek. Pd n–person iterated. www.fitzek.net, May 2013. NetLogo source code. Edits made by Fitzek to the original PD N–Person Iterated version by Wilensky.

[25] J. Wu and R. Axelrod. How to cope with Noise in the Iterated Prisoner's Dilemma. *Journal of Conflict Resolution*, 39:183–189, 1995.

第 8 章　社会移动云

真正的利己行为是协作!

——库尔特·埃德温

本章介绍了移动云的社会构成,探索了在自私用户之间促进协作的不同方法,介绍了不同形式的协作,并对这些协作进行了相互比较。本章的关键内容之一是在协作中引入了社会奖励。本章还讨论了社交网络和移动网络的演进发展,特别强调了这些网络是如何变得越来越相互依赖。

8.1　引言

移动云都依赖于移动用户的协作意愿。没有协作,就无法构建移动云,每个用户将只能作用于自身。用户协作是移动云的基本原则。因此,了解协作背后的推理,以确保用户愿意参与协作是非常关键的。这有助于制定有效的协作策略,形成激励用户进行协作的有利态势。通常情况下,移动云的设计和运行存在着根本区别,取决于用户是被迫进行协作,还是由于任何原因愿意投入协作,抑或用户意识到与他人协作具有显而易见的好处。第 7 章中所讨论的自然界协作规则是有用的,但我们在这里探讨可能的协作情形,以及我们如何能够触发这些情形。按照本章的引用语"真正的利己行为是协作",人们可以制定移动云的协作策略,使得每个参与用户的收益是显而易见的。这是移动的云的基本特征之一,即移动云原则上设计用于为每个用户提供一定的好处,这在自治(即非协作)模式中是不可能实现的。然而,还存在其他情形,即参与协作方根本没有收益,或者收益不易被用户察觉。正如本章稍后将要讨论的,移动云中通过协作实现的好处可能发生在不同域中。

8.2　不同形式的协同

在当前的通信系统中,用户本身具有有限的连接自由度。当蜂窝网络和 WLAN 网络都可用时,他们至多只能决定是与蜂窝建立连接,还是与 WLAN 网络建立连接。当然,用户无法选择与某个特定蜂窝基站建立连接。在文献 [1] 中,我们将这种情形比喻为奴隶制,这是因为移动设备,即使我们可能称其为智能的,它们也只是哑终端设备。

在面向移动云的通信系统中,这种情况将会发生改变。尽管从系统的角度来看，用户之间的协作很可能是有益的，可是移动用户可能仍然选择拒绝协作，因为他们参与协作的投入大于收益。我们将其称为自私行为，这是完全正常的，因为它能够保护用户免于被剥削。

从系统的角度来看，提高移动云性能存在着巨大的潜力，如果我们能够对移动设备实现完全控制。对于数据吞吐量、能量和时延来说，文献 [2-4] 已经证明是可行的。有趣的是，我们注意到，即使在最坏的情况下，科学设计的移动云中的设备性能从来不逊色于当前最先进（非协作）解决方案中的设备性能。但这些都只是玩具实例，通常情况下，每当协作设备形成合力时，系统性能应当显著提高。因此，人们可能会认为，应强制设备参与协作，而不涉及到用户。但是，这并不一定符合当前协作服务市场所呈现出的趋势。事实上，当前移动设备的新服务通过应用市场进入到了移动平台。因此，最终是由用户负责安装应用，从而使得该设备成为协作设备。用户还可以决定是否基于唯一标准（即所谓的成本-效益平衡）来激活此应用。

成本效益平衡是一种简单但重要的决策，它一方面可用于衡量进行协作的相关成本，另一方面可用于衡量协作的预期收益。例如，在协作中继场景下，转发节点将会在未得到任何回报收益的情况下，贡献自身的带宽份额和能量去帮助其他节点。因此，人们可能会质疑这一单独节点使用其资源完成中继工作的原因。在协作中继领域，人们开展了大量的研究，假设中继节点承担此项工作只是因为它表现出色，并信任系统收益。当然，我们可以将其看作是一种强迫协作情形，一个典型实例是使用同一用户所拥有的专用节点来实现这一目标。网络运营商采用这种中继器（由节点所有者强制节点参与协作），来扩大覆盖范围或提高蜂窝边缘性能。成本效益平衡是由每个节点单独进行评估的，因而对于某些节点来说，协作是一种有效的解决方案，对其他节点可能决定跳过协作。在本章中，我们先探讨不同形式的协作，对它们进行相互比较。然后，我们得出一些通过调整成本收益平衡来促进协作的方法。

图 8-1 定义了 4 种不同的协作形式，即强制协作、技术支持协作、社会支持协作和利他主义协作。在本章中，我们仅考虑这 4 种形式，因为它们代表了主导协作形式。通常情况下，不论协作的类型是什么，协作都具有参与方分别支付和接受的成本（C）和收益（B）。

一个简短的例子应该可以帮助读者理解这种关系。协作的成本可能是用于为第二空中接口供电以实现与其他设备进行通信的额外能量。另一方面，对于协作下载情形来说，收益可能是叠加空中接口上节省的能量，因为需要从叠加空中接口处获取的数据较少。如前所述，两个参数（即 C 和 B）之间的关系会对激励产生影响，并最终影响到协作的建立。

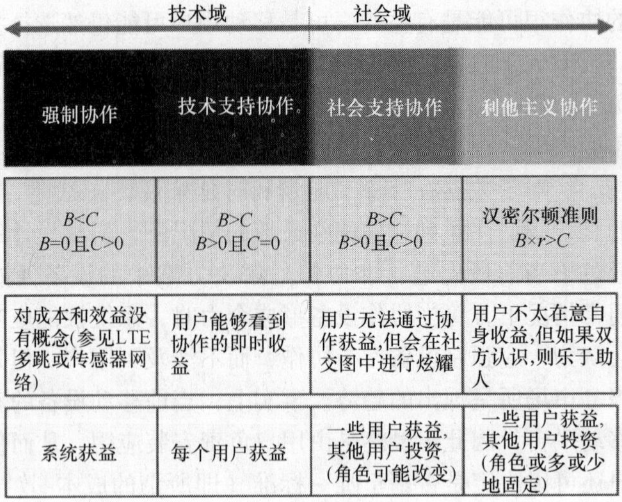

技术域		社会域	
强制协作	技术支持协作	社会支持协作	利他主义协作
$B<C$ $B=0$且$C>0$	$B>C$ $B>0$且$C=0$	$B>C$ $B>0$且$C>0$	汉密尔顿准则 $B×r>C$
对成本和效益没有概念(参见LTE多跳或传感器网络)	用户能够看到协作的即时收益	用户无法通过协作获益，但会在社交图中进行炫耀	用户不太在意自身收益，但如果双方认识，则乐于助人
系统获益	每个用户获益	一些用户获益，其他用户投资(角色可能改变)	一些用户获益，其他用户投资(角色或多或少地固定)

图 8-1　不同形式的协作

强制协作描述了节点必须遵循系统规则而不是独自做出决定的情形。例如，强制协作可能发生在 LTE 中继网络，或者当多台设备的所有者强迫他或她的设备参与协作，以获得最佳系统性能而不是考虑每台设备（如传感器网络）的情形中。这里，每台设备的成本较大，但收益非常小或根本不存在，因而当 $B=0$ 时，有 $C>B$。然而，移动设备或节点别无选择，因为它们被迫参与协作，换句话说充当的是奴隶的角色。

如果移动设备拥有不同的所有者，且强制协作无法得到应用，则建立协作就变得更加困难。如果协作基于利他主义，则它会以最简单的形式发生。一些移动设备可能愿意牺牲部分自身利益来帮助他人。1963 年，威廉·汉密尔顿对这一常见行为进行了深入研究和建模[5]。汉密尔顿表示，如果 $B·r>C$，则协作将会发生，其中 B 为捐赠接收方的预期收益，C 为参与捐赠方的成本，r 为两个实体之间的关系。当收益 B 小于成本 C 时，就会发生非常有趣的情况。于是，关系因子 r 发挥着重要的作用，它使得 $B·r>C$。在家庭成员之间，这一特性是众所周知的。父母愿意为其子女牺牲自身利益，但他们对陌生人一般不会这么做。在移动域中，使用移动设备来授权同事的笔记本电脑上网是利他主义的一个典型实例。即使利他主义用户将消耗手机电量，以支持其同事（r 值较大）的笔记本电脑上网，他也可能会通过共享其无线接入来为同事提供帮助。然而，对于陌生人来说，这种利他行为可能不会发生（r 等于1）。

通常，利他行为发生在特定场景（如家庭和办公室）下。如果用户相互不认识，则大多数用户都具有自私和利己特点，而不是利他主义。如果 $r=0$，则汉密尔顿准则不再适用。对于自私用户来说，鼓励使用协同技术的最简单方法是为所有参与用户创建即时收益（B）大于成本（C）的条件。由于"真正的利己行为是协作!"，因而协作有可能会自动发生。通过采用合适的技术可以构建这一情形，因而我们称之为技术支持协作。文献［6］将协同视频流作为此类场景的一个实例。对于每位额外参与者来说，可以降低每台移动设备的能耗，而服务质量可以得到保持或最终得到提高。不过，存在着本地交换消耗大量资源的情况。例如，如果在本地簇经由多跳而不是单跳建立连接，则移动云中单台设备的总能耗可能会大于一台独立设备。当两个以上的实体进行协作时，可能会出现这样的情况。我们在第 5 章中讨论的网络编码概念，可用于降低本地协作的成本，支持我们在为数众多的情形和场景中使用协作。

假定协作收益对某些用户来说仍是不明朗的，则会用到社会加强的概念。在这种协作场景中，我们可以预测到一个或多个实体可以从协作中受益（我们称之为受益人），而一个或多个实体投入协作但并未从中受益（我们称之为捐赠人）。这一概念类似于汉密尔顿利他主义方法，但这里我们假设玩家相互不认识，因而参数 r 等于 1。而对于受益人来说，收益是显而易见的（$B > C$）；而对于捐赠人来说，收益是模糊的（$B < C$）。大多数智能手机用户都是诸如 Facebook 等社交网络的成员，这是一个不争的事实。当捐赠人为自己协助建立起收益微薄甚至没有收益的协作时，他们的努力反而可能在不同域中得到回报，即在社交网络中，得到合理类型的收益（B）。这可以通过简单通知或其他游戏化概念来完成，我们将在本章后面各节进行展开。捐赠人的协作参与，用数字、图表或图标来表示，在捐赠人的社交网络中是显而易见的。这种开放奖励制度可以起到进一步推动用户参与协作的作用，因为用户的社交圈能够注意到这种态度。因此，捐赠人的收益位于社会域，他们可以从接收方及其现有社会图处获得收益。

8.3　社交网络与移动云

正如我们在前几章中所讨论的那样，在过去几十年间，移动通信系统经历了巨大的变化。最初，移动通信系统提供的主要服务是语音。然而，在第二代移动通信系统中，通信范式从模拟系统转变为数字系统，并引入了安全和移动服务。更为重要的是，它打开了数据服务提供的大门。随着第三代移动通信系统（3G）的引入，数据业务已被确定为一个关键应用领域，虽然最初设想是使其支持移动网站浏览，数据速率限定为每秒数兆比特。由于部分受到支持移动世界中大量数据服务的需求驱动，第四代移动通信系统（4G）目前能够提供更高的数据速率，最高可达每秒数百兆比特。从我们的角度来看，重要的是对社交网络中丰富内容的互动和共享等服务的支持。

在 20 世纪 90 年代中期，社交网络开始出现在互联网，如 1995 年出现的 classmates.com，但正是 21 世纪初 Web2.0 的兴起，让社交网络成为互联网的一大玩家，如 2003 年出现的 MySpace.com。2004 年，facebook.com 被引入，成为社交网络中的游戏规则改变者。虽然第一批社交网络只是针对人们的基本连接需求（如随时保持联系），但是新一代社交网络成为用户日常生活的重要组成部分。这种日常互动的规模是巨大的，Facebook 今天拥有超过 10 亿用户的事实就有力地证明了这一点。根据 Alexa（alexa. com）的统计数字，Facebook 是全球互联网中两个最大流量制造商之一。

虽然社交网络和移动网络已经嵌入到我们的日常生活之中，但是它们是两个截然不同进程的产物。尽管移动网络已经实现高度标准化、科学规划和有效控制，可是社交网络遵循的是一种更加混乱的、无法无天的方法，用 Facebook 的理念可概括为迅速移动，打破常规，以实现快速理解和适应。如今，这两种网络的演进路径已经变得越发和谐与交织，这种收敛趋势未来有望继续下去。事实上，社交网络比以往任何时候且最终都将依赖于无线和移动通信技术。反之亦然，越来越多的通信网络、移动设备和服务都设计用于支持丰富的社交网络互动。

可以将社交网络和移动网络的演进划分为 3 个主要阶段进行理解，如图 8-2 所示。划分的关键是分别确定这两种网络开始运作的阶段，然后开始共存，并有初步的交互，未来它们会相互激励对方以提供革命性的数据通信设计，以及社交网络中超出数字数据共享域的、高度交互的新的可能性。

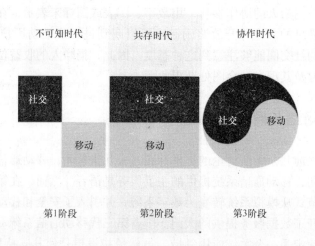

图 8-2　社交网络和移动网络演进的 3 个主要阶段

8.3.1　演进阶段 I：不可知时代

一开始，只有基于浏览器的社交网络是可用的，且用户访问其社交网络主要是通过自己的个人计算机（PC）或笔记本电脑。由于诸多因素，移动网络和社交网络最初沿着不同轨迹发展。首先，移动网站浏览器中缺乏 Web 2.0 功能。其次，与当前的移动设备技术相比，手机支持的数据速率比较低，显示屏较小，处理能力较低。第三，当时的社交网络并非无处不在，在我们的日常生活中也不够流行，且设计目的并非基于用户建立连接或在旅途中上网消磨时间的需求或愿望。于是，基本假设是：用户经常光顾社交网络的概率较低，因为 PC 机或笔记本电脑需要获得访问权限。最初，社交网络仅在特定群体中流行，且在很大程度上社会交往使用诸如电子邮件、个人主页和电话等其他媒体来实现，而不是通过社交网络来实现。该阶段的主要特征是：移动和社交网络之间几乎没有实际的交互，如图 8-2 中左侧所示。在这一阶段，网络具有迥然不同的用例。

8.3.2　演进阶段 Ⅱ：移动网络支持社交网络

随着支持互联网功能的移动设备的引入，社交网络用户不仅想在移动中消费社交网络的内容，而且他们也意识到，移动设备本身是一种能够为社会网络产生和提供有价值内容的强大工具。在这一阶段，移动通信系统之上使用社交网络在技术上是可能的，如图 8-2 中间所示。

第一个意识到用于社交组网移动设备强大功能的社交网络是 foursquare. com，它由先前的服务（由 Dodgeball 公司提供）演进而来，主要依赖于短消息服务（Short Message Service，SMS）技术[7]。foursquare. com 提供一种支持用户共享其当前位置的服务。当时，移动设备已经支持通过全球定位系统（GPS）来获取位置信息，这使得用户与朋友分享其位置信息变得非常简单。foursquare. com 不是第一个尝试这种服务的社交网站，但它在社交网络中增加了一些游戏化因素，支持用户通过在某些地点签到来积分。在给定地点签到积分最高的用户可以成为市长。本质上，这种简单的激励使得用户愿意每天使用该社交网站，从而使得服务非常成功。

在这一阶段，转到移动空间是相当容易的，因为手机浏览器变得更好，并支持更多的功能。但是，除了对移动浏览器的支持，移动设备提供了更多的本地支持，即支持移动应用（App）通过第三方进行分发。当然，本地支持决不意味着立即普及。例如，苹果公司最初认为，他们可以在移动浏览器中提供所有服务，这意味着第一款 iPhone 不存在移动应用。在移动浏览器和移动应用之间曾有过长期争斗，且目前仍在进行，斗争的焦点是决定谁才是最好的服务提供平台。例如，Facebook仍然在移动浏览器域，而在相当长的一段时间内忽略了移动应用空间。

以网站为中心的社交网络的优点是，它可以在任何浏览器上运行，因而覆盖范围不受限制。但是，本地应用能够访问更多移动设备资源（如位置、摄像头），其中部分资源是大多数社交网络支撑特征的主要部分。此外，一个额外的优点是离线工作能力，它能做一些浏览器此时不能做的事情。有趣的是，当前引入 HTML5 的工作包括支持浏览器获得更多的访问本地资源和离线工作的权利。这将支持浏览器与本地应用开展竞争。

不久之后，移动设备大潮来临，开发人员能够通过移动设备应用编程接口（Application Programming Interface，API）来编写自己的程序，甚至是社交网络开始提供自己的第三方 API。这为社交网络和移动网络的真正互动铺平了道路。

通过长期使用浏览器工作可以从错误中学习，Facebook 目前正试图将社交网络深入链接到移动域，该公司引入了 Facebook 登录和 Facebook 主页。第一个目标是基于社交网络基础设施，将任何与移动应用相关的登录替换为通用登录程序。当然，Facebook 不是唯一实现了这种方法的社交网站。另一方面，Facebook 主页通过直接提供内容而无需打开浏览器或应用，将社交网络深度集成到移动网络中去。

相对于移动网络来说，社交网络的一个缺点在于通过其用户产生的内容数量庞大，这会对网络流量产生巨大的影响。尽管新的 4G 技术都标榜提供高达 100Mbit/s 的数据速率，可是这些数字仍是蜂窝内不同用户之间共享（或累积）的数据速率。只有在蜂窝负载不大的情况下（如只有少数建立连接的用户），个人用户才可以享受这种高数据速率。每当用户处于拥挤的环境时，他们都往往会在其社交网站上张贴消息，只是想实时分享其体验，如在体育场内跟踪体育赛事。沃达丰近日报道，慕尼黑啤酒节上的流量每年翻一番，且发展趋势是人们不仅张贴简单的图片，而且发送整个视频。当在较小区域内聚集了数以万计的游客时，可能会出现问题。

使用移动设备可以为社交网络内容提供数据传输之外的服务。我们可以将从手机采集的数据看做了解个人关系动态以及为社会社交网络提供不同尺度洞察的一个主要来源。例如，文献 [8] 通过采用一系列电子数据库（包括电话和电子邮件日志），来理解其基本社交网络的局部和全局结构，研究移动电话用户的通信模式。文献 [9] 研究表明，手机通信模式支持我们能够准确地推断 95% 的友谊，并使用由手机用户提供的自报调查数据证实了这些结果。CenceMe 应用[10]也对与人类活动和互动有关的、更加详细的推断进行了研究。

从不同的角度来看，将来自于在线社交网络和移动智能手机的信息汇集在一起，开创了一种更为复杂交互的有趣可能性。早期应用（如 Dodgeball）依靠 SMS 技术提供有意义的数据，用于分析社会交互和这些交互中音频应用的效果[7]。从某种意义上说，系统能够将社交网络知识和移动技术结合在一起，这将对基本社会结构和社会交往产生巨大影响。WhozThat[11]提供了系统的另一个实例，该系统充分利用了局部共享社交网络 ID 的基础设施，并采用了无线技术。WhozThat 利用无线连接在线访问社交网络，并将标识与位置进行绑定，以便更多了解你遇到的某个特殊人物。基础设施还具有扩展潜力，以支持更为复杂的情境感知应用。

除了提供具备更好理解自身结构和交互或局部情境感知服务能力的社交网络之外，活跃用户可能会对信息进行共享，以构建新型大规模服务。我们通常称之为众包信息。这些方案中的一个实例是社交网络 Waze（waze.com）。Waze 是一种导航应用，它支持用户高效地从 A 点路由到 B 点。除了提供路由信息之外，Waze 还考虑了当前的交通状况。相对于其他解决方案，交通信息不是使用固定安装的传感器从集中式服务中获取的，而是依赖于社交网络用户的测量结果来完成的。每个活跃用户既可以接收最新信息，又可以将其位置和当前速度信息反馈回去。需要对此类众包信息进行过滤、评估，并反馈给用户，来为他们提供当前交通状况的实时视图。在社交网络和移动网络之间交互的第 3 阶段，众包将成为关键支撑概念。众包的概念非常强大，其应用发展迅猛。最近，谷歌开始在其最新的谷歌地图版本中提供众包服务。

8.3.3　演进阶段Ⅲ：深度整合：社交网络和移动网络的互相作用

如图 8-2 右侧所示，未来将会出现两大网络之间的真正深度互动。社交网络将成为打造移动网络的主要驱动力，且移动网络可能会跳出面向蜂窝的基础设施。要理解第 3 阶段，我们需要解释移动网络的演进路径。正如我们在第 2 章中所讨论的那样，迄今为止，移动网络一直采用集中式蜂窝结构构建，其中每台设备采用点对点的方式建立连接。也就是说，为了建立数据连接，每台移动设备需要连接到服务基站。

随着移动设备上 Wi-Fi 功能的引入，通过短距离网络建立互联网连接成为可能。由于网络运营商面临着越来越多的、与支持移动设备所需的高数据速率相关的挑战，部分原因是为用户提供 4G 基础设施的成本较高，因而他们考虑使用 Wi-Fi 减负策略（也被称为毫微微蜂窝或小蜂窝）来解决这一问题。当然，通常情况下，特别是在城市，存在着大量额外的 Wi-Fi 热点，虽然不是所有的 Wi-Fi 热点都可以进行访问。大多数人在家里和办公室使用 Wi-Fi 热点，但在任何其他位置，他们往往求助于蜂窝连接。这种对其他 Wi-Fi 热点的有限访问主要是由于安全和法律问题。在许多国家，接入点的拥有者是负责对在接入点传输的流量进行管理。因此，即使利他主义的人都被迫关闭其接入点。问题是信任。但这恰恰正是社交网络可以提供的东西。

为了说明社会支持技术这一理念，我们将移动热点作为一个实例。我们假设一个移动用户拥有一条连接到互联网的统一费率链路，且另一个用户拥有一条连接到互联网的数据速度有限或成本昂贵的通信链路。如果这两个用户使用了移动云，则统一费率的用户允许相邻设备将其作为中继。中继设备共享其数据速率，从而增加了中继设备的能耗。因此，他应该以其他方式为得到回报，以激励他参与协作。在图 8-3 中给出的实例中，安娜不存在互联网连接。弗兰克通过 Wi-Fi，并使用安娜移动设备中存在的特殊移动应用，在 3G 上提供其互联网连接。通过弗兰克发送来的邀请消息，安娜知道了这一服务。除了邀请安娜使用其互联网连接之外，弗兰克还将其 Faccbook ID 发送给安娜。当安娜使用弗兰克的互联网连接期间或之后，她可能会通过在弗兰克 Facebook 主页的墙上写下一些文字来感谢弗兰克。由于在技术域参与协作，弗兰克在社会域得到了回报，因为现在弗兰克的整个社交圈都知道了他参与协作的事情。存在一种可能性，即弗兰克和安娜都通过 3G 来接入互联网。目前，从安娜到其网络运营商可能存在一条直接链路。在弗兰克和安娜之间，仍然可以建立一条 Wi-Fi 连接，采用分时操作来实现对协作通信信道的最优使用。

这可能是技术支持协作的一个实例，且在这一实例中，两个用户都获得了收益。不过，使用社会域作为回报方式肯定也会增强协作行为。可以将上述实例扩展到将运营商提供的收益考虑在内。事实上，如果用户开放其移动设备用于协作，则该用户是在间接协助云端提供更好的服务。这种行为很容易被运营商察觉到，于是运营商会根据用户提供帮助的数量，轻而易举地为用户按比例提供激励。

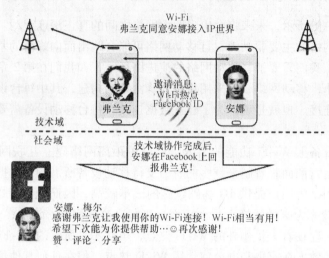

图 8-3　移动云上社会域的影响

虽然强制协作和利他主义协作是代表当前最先进水平的两大知名协作概念，但是毋庸置疑，技术支持移动云和社会支持移动云不在最先进概念之内。与其他在 FON 接入点或 BitTorrent 上实现的针锋相对协作方案相比，协作式交换没有随着等价货币迅猛发展，而是在一个新的维度——社会域中得到回报。

第二个实例如图 8-4 所示。这在是 NBC（National Broadcasting Company，全国广播公司）项目[12]的基本思路。该思路不是将流媒体内容从覆盖网络发送给单个用户，而是支持用户在朋友圈内分发内容。在图 8-4 中，我们看到用户莉莉将某部连续剧（如《生活大爆炸》）的视频流发送给亲密好友鲍勃和安娜。当鲍勃和安娜正在观看甚至当他们看完该连续剧后，他们会使用社交网络向所有这 3 位好友的社交图来推荐这一内容。从内容所有者的角度来看，局部交流具有很少使用自身服务器的优点，这反过来会导致内容所有者的成本降低。这种结构的货币化模型更为复杂。在过去几年中，出现了诸多用于对该结构进行货币化的各种吸引人的方法，为数字版权管理（Digital Rights Management，DRM）提供了新的替代解决方案，如广告、应用内购买等。对于所有这些可供选择的方法，关于如何将内容发送给用户的方法是次要的。更重要的是内容的高效分发，即在短时间内到达大量的消费者手上。

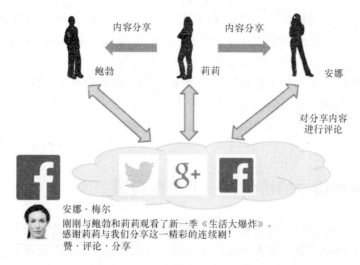

图8-4　社会移动云中的内容分发实例

在介绍完 4 种不同形式的协作后，我们希望将这些方法放入透视图中，如图 8-5 所示。如前所述，建立协作最简单的方法是采用每个协作参与者都能获益的方式来构建技术。技术支持协作是最有说服力的协作形式。每个参与者都能看到比参与成本高的收益。对于此类协作，协作用户之间的关系并不重要，因为每个参与用户都获得了收益。我们认为此类协作是协作的基本方式，如图 8-1 所示。这也表明，需要将新技术考虑在内，以使得该领域的协作更加适用。如果技术支持协作不适用，则选择的下一

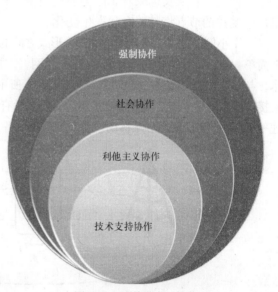

图8-5　不同形式的协作

种协作形式是利他主义协作。这里，一些用户将获得收益，其他人必须在协作方面投资。但正如我们指出的那样，这仅适用于附近用户之间存在信任关系的情形（如家庭成员、朋友、同事）。于是，协作的下一级是社会支持协作，用户可以在另一个域中获得收益。这种方法的优势在于：它可能也依赖于我们所认识的人，此外它还适用于机器。例如，在咖啡厅里，用户只需点击社交网络上的"赞"按钮，而不需要经历不同的授权方式[13]，就能与 Wi-Fi 接入点建立连接。如果这 3 种形式不适用，则强制协作是唯一选择。下面，我们将只专注于技术支持协作和社会支

持协作，因为我们仍然相信他们最有潜力。我们再次强调，这些协作形式之间没有严格的界限。即使我们必须依靠社会协作，我们也应当使技术尽可能地好，以降低成本并提高用户愿意牺牲资源为他人提供服务的概率。

我们故意没有提及金钱激励的用户协作（参见文献［14］）。随着 Ad Hoc 网络的引入，这些思路一直飘忽不定，但从未实现。最近，在美国的一些初创公司正在弘扬这些理念。那些倡议的动机不是取消我们这里所提出的方法，而是对这些方法进行扩展。

8.4 中继网络中的协作：一个简单实例

数十年来，人们已经在系统级对中继技术进行了广泛的讨论，但并未将每个用户考虑在内。每个节点被迫为中继做贡献以实现系统增益，并最终接受每个节点都将受益的承诺。众所周知，有些节点必须在协作方面投资，而其他节点将从中获益。但假设是：从长远来看，因为那些投资节点的作用，每个节点都将从中受益，且那些受益的节点将随着时间发生变化。

一个小例子应当能够强调不同协作形式之间的差异。为清晰起见，我们使实例尽可能简单。通信拓扑结构由一个连接到互联网、支持移动设备采用诸如 IEEE 802.11 技术，与其建立连接的接入点构成。正如图 8-6 所示，移动设备 1 采用给定数据速率 R_1 直接与接入点建立连接。第 2 台移动设备要么没有与接入点建立连接，要么连接的数据速率 R_2 低于 R_1。我们将从移动设备 2 到移动设备 1 的连接标识为 $R_{2\to1}$。

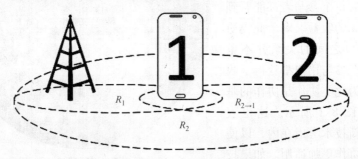

图 8-6　用于表示不同形式协作的中继实例

首先，让我们考虑移动设备 2 与接入点之间不存在连接，向互联网传输信息的唯一途径是通过移动设备 1 来中继其数据包。如果满足如下条件，则移动设备 1 将仅仅转发数据包：

1）移动设备 1 别无选择，被迫根据网络运营商或制造商的设置中继数据包。

2）移动设备 1 和 2 互相认识，且由于汉密尔顿法则[5]，移动设备 1 无私地中继数据包。

3）使用诸如 Facebook、Twitter 等社交网络，来构建移动设备之间的信任关系，使得移动设备 1 对中继数据包感兴趣。

4）移动设备 1 相信由中继技术提供的系统增益，以及从长远来看，它最终将获得收益，虽然获益的周期较长。

现在，我们考虑移动设备 2 与接入点之间存在直接连接的情形，但此时通过移动设备 1 中继数据包对这两台设备都有利。在 IEEE 802.11 环境中，无论这两台设备发送数据包的信道质量如何或数据速率是多高，这两台设备在传输时隙方面，都将得到相同的信道容量。由于相对于 R_1 来说，R_2 要低一些，因而移动设备 2 将在媒体上花费比移动设备 1 更长的时间。当 $R_1 = 54\mathrm{Mbit/s}$，$R_2 = 9\mathrm{Mbit/s}$ 时，移动设备 2 花费在媒体上的时间是移动设备 1 的 6 倍。或者换句话说，移动设备 1 只占用了信道时长的 14.28%，而移动装置 2 占用了 85.71%。如果 $R_{2 \leftarrow 1}$ 远大于 R_2，则移动设备 2 应当将其数据包发送给移动设备 1，则移动设备 1 来中继数据包。移动设备 1 将转发数据包，来为自身传输数据释放信道。例如，如果 $R_{2 \leftarrow 1}$ 等于 $36\mathrm{Mbit/s}$，则系统容量将增加 1 倍。移动设备 1 在媒体上花费的时间将增加 1 倍，因为它必须传输自身数据包以及来自移动设备 2 的数据包，传输速率都是 R_1。将数据包从移动设备 2 传输到移动设备 1 需要 1.5 倍长的时间。这样，从两台设备 2 将两个数据包发送到接入点的时间从 $7 = 1 + 6$ 缩短为 $3.5 = 1 + 1 + 1.5$。因此，对于即时协作收益（不存在较长的获益周期）来说，技术驱动具有显著作用。换句话说，移动设备 2 的连接能够为设备提供杠杆功能，以迫使移动设备开展协作。

8.5 结论

本章讨论了移动云中用户之间社会交往的重要性。在社会层面，为加强用户之间的协作提供了新的方法，即使不存在真正的互惠收益。当然，协作肯定不能仅仅基于社会元素，但它为协作引擎增加了一个非常有吸引力的角度。感兴趣的读者可通过进一步阅读文献［15,16］，来了解协作实现问题。此外，正如第 5 章所介绍的，文献［17］进一步讨论了社交域与网络编码结合使用的问题。

参 考 文 献

[1] F.H.P. Fitzek and M. Katz, editors. *Cognitive Wireless Networks: Concepts, Methodologies and Visions Inspiring the Age of Enlightenment of Wireless Communications.* ISBN 978-1-4020-5978-0. Springer, July 2007.

[2] G. Ertli, A. Paramanathan, S. Rein, D. Lucani, and F.H.P. Fitzek. Network Coding in the Bidirectional Cross: A Case Study for the System Throughput and Energy. In *IEEE VTC2013-Spring: Cooperative Communication, Distributed MIMO and Relaying*, Dresden, Germany, June 2013.

[3] M. Hundebøll, J. Leddet-Pedersen, J. Heide, M.V. Pedersen, S.A. Rein, and F.H.P. Fitzek. Catwoman: Implementation and Performance Evaluation of IEEE 802.11 based Multi-hop Networks using Network Coding. In *IEEE VTS Vehicular Technology Conference. Proceedings.* IEEE, 2012.

[4] M. Hundebøll, S.A. Rein, and F.H.P. Fitzek. Impact of Network Coding on Delay and Throughput in Practical Wireless Chain Topologies. In *IEEE CCNC - Wireless Communication Track*, 2013.

[5] W.D. Hamilton. The Evolution of Altruistic Behavior. *The American Naturalist*, 97:354–356, 1963.

[6] F.H.P. Fitzek and M. Katz, editors. *Cooperation in Wireless Networks: Principles and Applications – Real Egoistic Behavior is to Cooperate!* ISBN 1-4020-4710-X. Springer, April 2006.

[7] L. Humphreys. Mobile Social Networks and Social Practice: A Case Study of Dodgeball. *Journal of Computer-Mediated Communication*, 13(1), 2007.

[8] J.-P. Onnela, J. Saramäki, J. Hyvönen, G. Szabo, D. Lazer, K. Kaski, J. Kertesz and A.-L. Barabasi. Structure and Tie Strengths in Mobile Communication Networks. *Proceedings of the National Academy of Sciences*, 104(18):7332–7336, 2007.

[9] N. Eagle, A.S. Pentland, and D. Lazer. Inferring Friendship Network Structure by using Mobile Phone Data. *Proceedings of the National Academy of Sciences*, 106(36):15274–15278, 2009.

[10] E. Miluzzo, N.D. Lane, K. Fodor, R. Peterson, H. Lu, M. Musolesi, S.B. Eisenman, X. Zheng, and A.T. Campbell. Sensing meets Mobile Social Networks: the Design, Implementation and Evaluation of the CenceMe Application. In *Proceedings of the 6th ACM Conference on Embedded Network Sensor Systems*, SenSys '08, pages 337–350. ACM, 2008.

[11] A. Beach, M. Gartrell, S. Akkala, J.J. Elston, J. Kelley, K. Nishimoto, B. Ray, S. Razgulin, K. Sundaresan, B. Surendar, M. Terada, and R. Han. WhozThat? Evolving an Ecosystem for Context-aware Mobile Social Networks. *Network, IEEE*, 22(4):50–55, 2008.

[12] L. Hardesty MIT News Office. Secure, Synchronized, Social TV. http://web.mit.edu/newsoffice/2011/social-tv-network-coding-0401.html.

[13] wpmudev. Pay with a Like. https://premium.wpmudev.org/project/pay-with-a-like/.

[14] springwise access. Web page of springwise access. http://www.springwise.com/telecom_mobile/portable-4g-hotspot-rewards-us ers-sharing-mobile-internet-connections/.

[15] F.H.P. Fitzek, J. Heide, M.V. Pedersen, and M. Katz. Implementation of Network Coding for Social Mobile Clouds. *IEEE Signal Processing Magazine*, January 2013.

[16] M.V. Pedersen and F.H.P. Fitzek. Mobile Clouds: The New Content Distribution Platform. *IEEE Transaction on Entertainment Technologies*, May 2012.

[17] C. Wu, M. Gerla, and M. van der Schaar. Social Norm Incentives for Secure Network Coding in MANETs. In *NetCod 2012*, Boston, USA., 2012.

第 4 部分

绿色移动云

第 9 章　绿色移动云：使移动设备更节能

智能手机好玩，但只能维持大约半小时……之后，电池耗尽。

　　　　　　　　　　　　　　　　　　　　　　　——亚历克斯·史密斯

　　最近，绿色通信引起人们的广泛兴趣，这里讨论的问题是移动云如何帮助改善移动设备的能效。在本章中，我们证明了移动云的节能潜力，选择了一种针对此项用途的特殊场景，即用户协作方式获取所需内容的协作下载情形。我们还研究了下载速度的影响因素以及移动云的几种协作策略，并对其节能性能进行了比较。

9.1　引言

　　在过去几年中，绿色通信已经引起了研究界的极大兴趣。人们对 ICT（Information and Communication Technology，信息通信技术）行业的碳足迹进行了深入讨论，且一个被称为绿色通信的新研究领域诞生。绿色通信关注的重点不是如何减少 CO_2（Carbon Dioxide，二氧化碳）排放，但是绿色通信是由云服务提供商和网络运营商当前所面临的巨大电费触发的。在详细介绍二氧化碳排放和绿色通信之间的关系之前，我们只想指出，任何能耗的降低始终是一个好思路。方案越节能，则对经济、技术、可用性和环境的影响越深远。从网络运营商和服务提供商的角度来看，巨大的能耗意味着用于维持其网络和服务所需的可抑制能源成本较高，这将最终降低其经济利润。另一方面，从消费者的角度来看，其移动设备的高能耗会导致工作时间缩短，并最终降低体验质量。手机必须支持多种服务、多种空中接口和大显示屏。在文献 [1，2] 中，我们将其称为能源陷阱，它与我们在第 7 章中提到的演进陷阱相对应。

　　节能解决方案对于电信（基础设施）制造商和移动设备制造商同样非常重要，因为提供低能耗设备可以为其业务提供一种非常有竞争力的优势。本章主要侧重于移动云在提高移动设备能效方面的潜力。下一章将探讨移动云的应用，以提高基础设施方面的能效。

　　本章的主要焦点是由与移动云运行相关的无线通信和计算工作导致的能耗。与通信活动和功能不直接相关的运营成本不包含在开发模型中。在文献 [3，4] 中，我们提出并讨论了手机每个部件和功能的能耗，如显示屏、中央处理器（CPU）、存储接入、蓝牙、Wi-Fi 或蜂窝通信模块。

　　结果表明，与无线通信相关的功能要比移动设备上的其他部件（CPU、显示屏或存储接入）消耗更多的能量。基于这些研究结果，我们将研究独立（如不协作）能耗和基于移动云的通信能耗。为了使读者熟悉移动云的节能潜力，我们首先将下载场景中的单一独立用户情形与移动云情形进行比较，分别如图 9-1 和图 9-2 所示。这里，我们重点关注下载场景，但后面我们将其扩展到流媒体服务。例如，下载情形代表了通过 BitTorrent 实现的固件更新或文件下载。另一方面，流媒体情形旨在提供诸如体育或任何其他现场事件直播等实时服务。在这两种情况下，我们假设将特定内容从网络下载到移动设备。

图 9-1　单用户（非协作）情形：用户必须从覆盖网络处获取完整信息内容

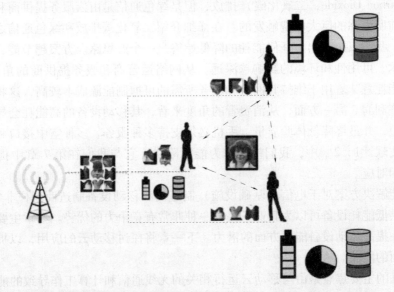

图 9-2　移动云情形：协作用户共同分担从覆盖网络下载信息的任务

　　从图 9-1 中的单用户情形开始，显而易见，完整下载（这里用单一照片来表示）必须通过单一空中接口进行下载。这种下载将需要一定时间、覆盖网络的一定带宽份额以及在设备侧消耗一定水平的能量。这反映了当今通信架构的现状。

在图9-2中，我们给出了包含3个协作用户及其相关移动设备的移动云场景。所有这3个用户都与覆盖网络建立连接，并同时使用短距离无线链路连接到其协作伙伴。我们已经在前面的章节中对这一原理进行了讨论，但在这里只是进行重复，以强调协作伙伴应当相互靠近对方，而不会对服务基站和移动云节点之间的距离进行任何限制。由于3个用户都参与协作，因而每个用户将下载整体信息的一部分。这可以用一块拼图来说明。3个用户确保他们得到分离信息（在我们的例子中，由拼图的不同块表示）且没有不重复下载是至关重要的。在第5章的后面部分，我们解释了网络编码可以帮助显著克服重复或重叠部分的问题。

但现在，我们只是假设用户接收分离（非重叠）信息。每个移动设备都将确保分配给他们的块通过与覆盖网络相关的空中接口被成功下载。在信道出现差错和数据包可能丢失的情况下，每台移动设备将确保通过任何形式的纠错使得那些块得到修正。一旦所有块被成功下载到移动云节点处，则必须将这些块在节点之间进行交换，以确保图片的所有构成块最终在每个节点处都是可用的。对于这种信息的本地交换，我们可采用短距离无线技术。

当然，本地交换也需要差错恢复机制，以保证所有块都被成功接收。正如我们将在后面讲到的，即使对于本地交换来说，网络编码也将有很大的帮助，尤其是当移动云中的用户数增加时。重叠通信和移动云内通信差错恢复的不同之处在于：重叠通信是点对点的，而移动云内通信是基于点对多点通信的。

如果我们知道所用空中接口的一些技术细节，则只能对协作下载与单用户情形进行对比。由于这个原因，我们看看图9-3，它描述了在诺基亚N95设备上采用4种不同技术下载一个500KB文件时，每比特需要消耗的能量。文献［3，4］给出了相关结果。在这一点上，我们假设3G连接用于覆盖网络，而Wi-Fi用于云内的本地交换。在这种情况下，我们假设移动云中的用户接收信息的速度要比独立用户更快。起初，单用户情形和移动云将使用给定速率 R 从覆盖网络下载信息。在我们包含3个协作用户的实例中，当独立用户完整下载图片所需花费的1/3时间过后，移动云将停止工作。而在单用户情形中，将继续以相同速率进行下载，移动云将开始在移动云内以更高速率交换缺失的信息。如果信息交换与从覆盖网络下载内容同步进行，则移动云的速率甚至会更快。

我们注意到，使用额外的Wi-Fi连接要比使用单一3G连接每比特的能耗低一些，我们认为这是移动云中节能的关键原因。在这一点上，我们没有对节能收益进行量化，但我们推断存在着巨大的节能潜力。具体的证据将在下面进行介绍。同时，还应当将差错恢复及相关能耗考虑在内。当然，我们对差错恢复处理得越高效，移动云的性能越好。毋庸置疑，这种情形又涉及到网络编码问题，我们已经在第5章中对这一问题进行了深入讨论。为了完整起见，我们也列出了其他技术组合：

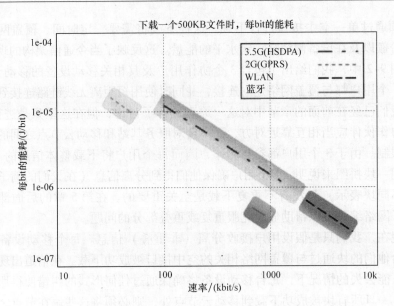

图 9-3　对于不同无线技术来说，每比特能耗与比特率之间的关系

1. 2G/无线网络：在这种情况下，移动云提供的收益甚至更大，因为 2G 连接所支持的数据速率比 3G 连接低，这导致独立用户存在着较长的传输时延，且每 bit 能耗比值增加。在移动云中，每 bit 能耗比值增加是非常有利的，因为每个节点使用 2G 连接的时间只占独立节点使用时间的一部分。因此，移动云可以降低时延，节约能源。

2. 2G/蓝牙：由于移动云内信息交换的数据速率较低，因而与 2G/Wi-Fi 情形相比，节能收益较小。

3. 3G/蓝牙：这一组合是非常有趣的，因为覆盖网络的数据速率处于最好的状态，它等于或高于蓝牙链路上的数据速率。因此，对于移动云来说，降低时延是非常难以实现的，虽然仍然有可能实现节能。

第一个实用的注解是：相对于移动云，蓝牙具有一个主要缺点，即不存在广播信道。即使某些蓝牙芯片组支持蓝牙主单元使用广播，从单元也永远不会有机会使用广播。我们已经文献［5］中证明，如果在移动云中有 3 个以上的用户进行协作，则这可能会导致移动云的性能显著下降。因此，从现在开始，我们将在本章中只考虑 Wi-Fi。感兴趣的读者可以参阅文献［5］，该文献对移动云中的蓝牙技术进行了充分的讨论。

正如我们在第 4 章中指出的，第 2 个注解与数据速率的演进有关。虽然我们看到正在全球范围内推出 4G 技术的蜂窝系统的数据速率稳步提升，但是针对智能手机的新型高速短距离技术的商业部署几乎停止。我们提出的第一个协作实现方案是基于 GPRS 和蓝牙技术的[6]。正如我们将在后面所看到的，覆盖网络和短距离网络的数据速率之比将决定移动云的潜在节能收益。

然而，虽然人们至今尚未意识到这一点，但显然短距离通信的数据速率始终要大于覆盖网络的数据速率，特别是当我们需要将物理上可实现的数据速率与那些应用于 IP 层的数据速率区分开来时。目前，我们看到覆盖网络的负载越来越多，单个用户总是只能得到总体可用数据速率的极小部分。下面，我们将通过一些实例，研究移动云中的两种不同服务，即协作下载和协作流媒体，如图 9-4 所示。下载场景拥有两种不同的合理化形式，即序贯交换和并行交换。能耗取决于对短距离技术的不同依赖程度，因而我们又会看到两种子情况。解释完每种场景的基本知识之后，我们会得出一些与节能潜力有关的简单方程。可以将独立移动设备的能耗作为一种基线，来比较由移动云概念实现的节能改进。

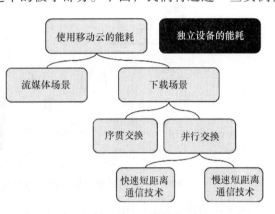

图 9-4　针对不同场景的本章结构

9.2　协作下载

我们将第一种场景称为协作下载。之前，我们已经讨论过这一场景，用于强调一些关键移动云理念，但这里我们将进一步对其进行阐述，推导出移动云的能耗。基本设置如图 9-5 所示。作为一个实例，我们假设存在 4 台想从服务器下载相同内容的移动设备。每台设备使用蜂窝链路直接与覆盖网络建立连接，并使用短距离链路与其他 3 台设备并行建立连接。覆盖网络采用单播方式与移动设备进行通信。

如图 9-5 所示，通信可能同时发生，两种空中接口——蜂窝空中接口和短距离空中接口在同一时间被激活。对于短距离链路，我们假设设备可以向移动云中的协作伙伴广播信息。我们暂且不考虑蜂窝链路或短距离链路上数据包丢失的情形。由于我们考虑的是协作下载情形，因而服务器将向 4 个移动用户并行发送分离（非重叠）局部信息。这里，协作内容分发是由拼图的 4 个不同块来说明的。每个移动用户将通过蜂窝链路接收到拼图的唯一块。我们再次强调的是，它是最重要的，每台移动设备接收到拼图的不同块，以避免不理想的数据复制或不完整内容的分发。一旦相关移动设备接收到拼图的构成块，则它们将进行本地交换。换言之，每台移动设备将发送出自己从蜂窝链路接收到的拼图块。本地交换过程结束后，每台移动设备将拥有拼图的所有 4 个块。

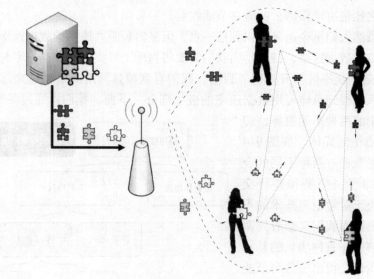

图9-5　采用蜂窝单播链路与用户建立连接的协作下载场景

图9-6 给出了移动云所利用的协作下载策略的活动图。首先，从网络指向移动设备的并行传输发生（图9-6 的上部）；然后，每台设备将其自身的内容发送一次，并在短距离链路上接收拼图的其他 3 块（图9-6 的下部）。由于我们假设短距离通信的数据速率更高，因而经由短距离链路来接收拼图的某个构成块花费的时间要比经由蜂窝链路短。这一事实可以通过活动图中短距离链路上的短条反映出来，即使传输的数据量相同。显而易见，在依次传输拼图的 4 个构成块时，独立移动设备获取完整信息所花费的时间将是蜂窝链路工作时间的 4 倍，如图9-6 所示。

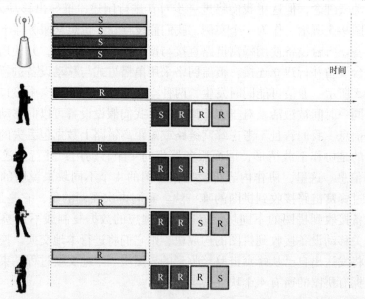

图9-6　第9.2.1 节中讨论的协作下载场景活动图（蜂窝下载和本地交换次序）

　　图 9-6 表明，除了本地交换（这一过程只有在移动设备上的内容可用后才会启动）所需的时间之外，移动云协作下载所需的时间是由局部蜂窝下载时间（独立设备所需时间的 1/4）给定的。

　　如果下载的数据量非常大，则蜂窝下载可分批进行，以确保每个批次结束后，本地交换与下一批次下载并行发生，如图 9-7 所示。如果批次数足够大，则包含 4 台协作移动设备的移动云的下载时间只是独立用户所花费时间的 1/4。在本章后面部分，我们还将提到这一实例。描述完协作下载场景后，我们推导出独立设备和协作情形中的能耗。通常，能耗 E 等于功率电平 P 与时间 t 的乘积。对于独立设备，移动设备只是从覆盖网络接收数据，这样下载所消耗的能量 E_{over} 等于下载时间 t_c 与用于从覆盖网络接收数据的功率电平 P_c（即功耗）之积，如式（9-1）所示。

$$E_{over} = P_c t_c \tag{9-1}$$

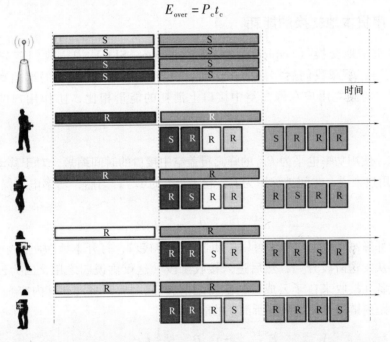

图 9-7　第 9.2.2 节中讨论的协作下载场景活动图（并行蜂窝下载和本地交换）

　　下载时间 t_c 是由用户希望下载的数据量 D 除以覆盖系统的可用数据速率 R_c 得到的。功率电平 P_c 可以从所选的无线技术数据表中得到（参见第 4 章）。对于协作下载情形，能量 E_{coop} 的计算变得更加繁琐。在我们开始计算之前，首先将能量增益 G 定义为

$$G = E_{coop}/E_{over} \tag{9-2}$$

　　G 反映了协作下载与独立设备情形的能耗之比。现在，让我们研究移动云中每个用户消耗的能量 E_{coop}。首先，我们必须区分两种主要情况，即序贯本地交换

或并行本地交换。图 9-6 和图 9-7 已经分别对这两种主要情况进行了介绍。在序贯本地交换情形中，所有移动设备下载分配给他们的信息，然后启动本地交换。在并行本地交换情形中，移动设备批量获取其信息（如单一 IP 数据包），且采用并行方式进行交换。主要的区别在于，对于序贯本地交换来说，在某一时间点，只有一种空中接口处于激活状态，而对于并行本地交换来说，两种空中接口同时处于激活状态。正如我们将在后面看到的，这两种情形对能耗和时延具有显著影响。

对于这两种情形，总能耗 E_{coop} 是蜂窝空中接口和短距离空中接口上消耗的能量之和。在蜂窝空中接口上，每台移动设备所消耗的能量取决于移动云协作移动设备的数量。云中的移动设备越多，移动设备的节能潜力越大。为了使其更具普遍意义，我们假定移动云中的协作移动设备数是 J。

9.2.1 序贯本地交换的能耗

在序贯本地交换（Sequential Local Exchange，SLE）中，我们首先开启蜂窝空中接口，下载我们后期需要在移动云中与协作用户交换的局部信息，如图 9-6 所示。与独立用户在蜂窝空中接口上消耗的能量相比，协作用户的能耗可表示为

$$E_{coop,C,r}^{SLE} = t_p P_{C,r} \tag{9-3}$$

现在，使用功率电平为 $P_{C,r}$ 的蜂窝覆盖空中接口的时间缩短。对于移动云中的 J 个协作用户来说，时间被缩短为 t_p，它等于 t_c 的 $1/J$。当然，功率电平保持不变，因而有

$$E_{coop,C,r}^{SLE} = t_p P_{C,r} = 1/J t_c P_{C,r} \tag{9-4}$$

当局部蜂窝下载完成时，可以关闭覆盖空中接口，打开本地短距离空中接口。本地交换从发送阶段开始，然后进入接收阶段（这仅供说明之用，因为云中的某些移动设备在接收来自于云成员的数据之前和/或之后，将发送其内容）。移动云成员在短距离链路上发送数据所消耗的能量为

$$E_{coop,SR,s}^{SLE} = t_{sr,s} P_{sr,s} = \frac{1}{JZ} t_c P_{sr,s} \tag{9-5}$$

式中　Z——短距离数据速率与蜂窝数据速率之比；

$P_{sr,s}$——发送模式下短距离通信技术的功率电平。

用户必须发送数据的时间可表示为 $t_{sr,s}$。与用于接收完整数据的时间 t_c 相比，$t_{sr,s}$ 除以协作设备数后比较小，但由于短距离链路上的数据速率大于蜂窝链路上的数据速率，仍然得到了缩短。实际上，用于在短距离链路上发送数据的时间只是蜂窝下载时间的一部分（$\frac{1}{JZ}$）。现在，我们必须计算用于在移动云接收拼图块的能量，它等于

$$E_{\text{coop,SR,r}}^{\text{SLE}} = t_{\text{sr,r}}P_{\text{sr,r}} = \frac{J-1}{JZ}t_{\text{c}}P_{\text{sr,r}} \tag{9-6}$$

$P_{\text{sr,r}}$ 是接收模式下短距离通信技术的功率电平。我们还假设短距离通信接收和发送数据速率是相同的，用于接收数据的时间比发送时间长 $J-1$ 倍。这是显而易见的，因为协作设备贡献了完整数据 D 的 $1/J$，且需要从其他协作设备处接收完整数据 D 的 $1-\frac{1}{J}$。在我们将不同块相加以计算总能耗 E_{coop} 之前，我们想指出的是，能耗仅仅取决于诸如功率电平、用子计算参数 Z 的数据速率以及与场景有关的数值 J 等技术参数。现在，对于移动云中的单个用户来说，用于序贯本地交换（SLE）的总能耗是

$$E_{\text{coop}}^{\text{SLE}} = E_{\text{coop,C,r}}^{\text{SLE}} + E_{\text{coop,SR,s}}^{\text{SLE}} + E_{\text{coop,SR,r}}^{\text{SLE}} \tag{9-7}$$

使用前面的结果式（9-3）、式（9-5）和式（9-6），上式变为

$$E_{\text{coop}}^{\text{SLE}} = \frac{1}{J}t_{\text{c}}P_{\text{c}} + \frac{1}{JZ}t_{\text{c}}P_{\text{sr,s}} + \frac{J-1}{JZ}t_{\text{c}}P_{\text{sr,r}} \tag{9-8}$$

完成整个交换过程所需的总时间为

$$T_{\text{coop}}^{\text{SLE}} = \frac{1}{J}t_{\text{c}} + \frac{1}{Z}t_{\text{c}} \tag{9-9}$$

它只是通过将蜂窝空中接口所花费的时间（$\frac{1}{J}t_{\text{c}}$）和本地交换所花费的时间（$J\frac{1}{JZ}t_{\text{c}}$）相加计算出来的。

图 9-8 对作为移动云中协作用户数函数的能量增益 G 进行了描述。对于所得结果，我们使用如表 9-1 所示的参数。我们将在整章中使用这些参数，以便对不同场景下的性能指标进行比较。对于每个不同的 J 值，我们给出了总能耗的不同部分。底部表示用于在覆盖网络上接收数据所需的能量，中间表示发送数据所需的能量，顶部表示移动云内部接收数据所需的能量。从图 9-8 中我们可以看出，总能耗随着协作用户数量（即云规模）的增加而降低。我们还可以看出，用于在覆盖网络上接收数据所消耗的能量以及用于在移动云内发送数据所消耗的能量随着云规模的增大而降低。这背后的原因是显而易见的，因为协作用户越多，就可以将公共内容分解成越多的块。当协作用户越来越多、每台设备从覆盖网络接收到的数据越来越少时，发送数据的活动也按比例减小。另一方面，需要在移动云内对公共内容的缺失部分进行收集，且使用移动设备来接收数据的能耗随着用户数的增加而提高。例如，当协作用户数为 10 时，在移动云中接收数据所消耗的能量（能量增益为 15%）超过在覆盖网络中接收数据和在移动云中发送数据所消耗的能量之和。

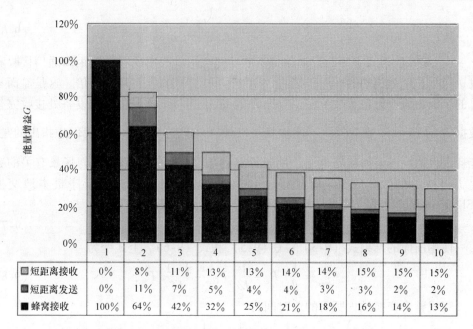

图 9-8　序贯本地交换（SLE）情形中的能量增益 G 与移动云中协作用户数之间的关系，可以将能耗分解为蜂窝链路上的能耗和短距离链路上的能耗

表 9-1　本章中使用的系统参数

系统参数名称	功　耗
$P_{C,r}$	1.1W
$P_{C,i}$	0.1W
$P_{sr,s}$	1.4W
$P_{sr,r}$	1.1W
$P_{sr,i}$	0.1W
Z	6

　　同时，图 9-8 也表明这样一个事实，即与第一个用户开展协作后，移动云在能量增益方面实现了最大程度的改进。例如，与独立用户情形相比，4 个协作用户将能耗降低了 50%。当存在 8 个协作用户时，能量增益甚至达到 34%，但不再明显增加。

　　图 9-9 描述了序贯交换情形中下载时间与移动云协作用户数之间的关系。随着协作用户数的增加，下载时间不断缩短。这主要是因为覆盖网络中的时间缩短，而短距离链路上的时间是固定的，如公式（9-9）所示。当协作用户越来越多时，接收过程使用的本地交换部分在不断增加。这一特性符合图 9-8 中给出的结果。对于序贯交换情形，我们已经看到，在能耗和下载时间方面，移动云存在着明显优势。正如我们先前所提到的，如果本地交换以并行方式完成，则下载时间可以进一步缩短。我们将在下一节中进行研究。

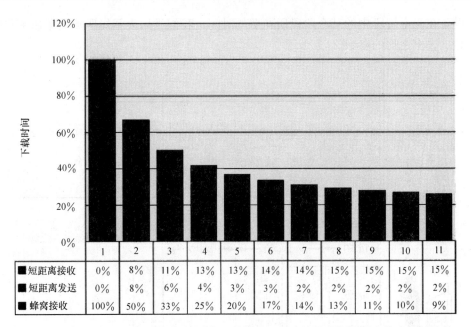

图 9-9　在序贯本地交换（SLE）情形中，下载时间与移动云中协作用户数之间的关系，可以将时间分解为蜂窝链路上所花费的时间和短距离链路上所花费的时间

9.2.2　并行本地交换的能耗

这里，我们推导出采用并行本地交换（Parallel Local Exchange，PLE）的协作下载的能耗。如前所述，我们将考虑采用快速短距离技术和慢速短距离技术两种情况。更准确地说，采用快速短距离技术的情形假定短距离链路上的信息交换要比从覆盖网络获取局部信息更快一些。随着移动云协作设备数 J 不断增加，从覆盖网络获取局部信息所需的时间持续缩短，而交换阶段所需时间保持不变。在第 9.2.2 节中，我们首先考虑采用快速短距离技术的情形，然后考虑采用慢速短距离技术的情形。

1. 快速短距离技术

如图 9-10 所示，可以将蜂窝空中接口上的下载时间缩短为

$$T_{\text{coop}}^{\text{PLE,fast}} = \frac{1}{J} t_{\text{c}} \tag{9-10}$$

假设获取全部数据所需的时间为 t_{c}，因而在蜂窝空中接口上的能耗等于

$$E_{\text{coop,C,r}}^{\text{PLE,fast}} = \frac{1}{J} t_{\text{c}} P_{\text{C,r}} \tag{9-11}$$

在短距离链路上，消耗的能量由 3 个活动阶段构成，如图 9-10 所示。第一活动阶段是发送阶段，然后是接收阶段，最后空闲阶段。发送、接收和空闲阶段的功率电平与技术有关，但通常可以假定 $P_{\text{sr,s}} > P_{\text{sr,r}} > P_{\text{sr,i}}$（参见表 9-1）。为了计算移

动设备在 3 个阶段中的某个阶段所花费的时间，我们重用表示短距离数据速率与蜂窝数据速率之比的参数 Z。

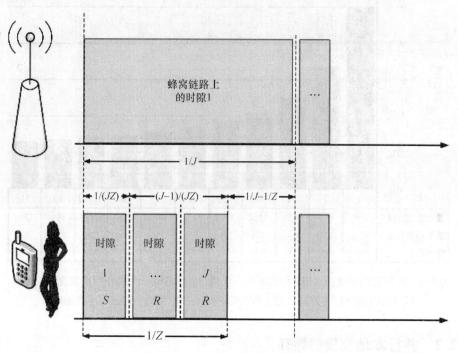

图 9-10　蜂窝和短距离场景下的协作下载（$1/J > 1/Z$）

现在，我们能够给出短距离链路上某个特定阶段移动设备所需的时间。时间 $1/J$ 可用于在蜂窝链路上接收信息，因而 $1/JZ$ 可用于在短距离链路上中继信息。

$$E_{\text{coop,SR,s}}^{\text{PLE,fast}} = t_{\text{sr,s}} P_{\text{sr,s}} = \frac{1}{JZ} t_{\text{c}} P_{\text{sr,s}} \tag{9-12}$$

当我们只收到拼图的某一块时，其他块（更准确地说是缺失的 $J-1$ 块）需要通过短距离链路来接收。由于我们假设发送和接收采用的数据速率相同，因而处于接收状态的时间为 $\dfrac{J-1}{JZ} t_{\text{c}}$。现在，最后一批数据交换完成，但在蜂窝链路接收新一批数据的工作仍在进行，从而使得短距离链路能够空闲一段时间。在短距离链路上发送和接收数据的时间是 $\dfrac{1}{J} t_{\text{c}}$ 和 $\dfrac{J-1}{JZ} t_{\text{c}}$ 之和，它等于 $\dfrac{1}{Z} t_{\text{c}}$。这不足为奇，因为 $\dfrac{1}{J} t_{\text{c}}$ 表示得到一块拼图所需的时间，t_{c} 代表得到所有 J 块拼图所用的时间。

$$E_{\text{coop,SR,r}}^{\text{PLE,fast}} = t_{\text{sr,r}} P_{\text{sr,r}} = \frac{J-1}{JZ} t_{\text{c}} P_{\text{sr,r}} \tag{9-13}$$

但是，由于短距离链路的数据速率比蜂窝链路快 Z 倍，因而短距离链路的工

作时间是 $\frac{1}{Z}t_c$。现在，短距离链路的空闲时间正好是 $(1/J-1/Z)t_c$，因而有

$$E_{\text{coop,SR},i}^{\text{PLE,fast}} = t_{\text{sr},i} \cdot P_{\text{sr},i} = (1/J-1/Z)t_c P_{\text{sr},i} \tag{9-14}$$

根据这一结论，通过将处于某种状态的持续时间与其相关功率值相乘，然后进行求和，可以计算得出总能耗，即有

$$E_{\text{coop}}^{\text{PLE,fast}} = E_{\text{coop,C},r}^{\text{PLE,fast}} + E_{\text{coop,SR},s}^{\text{PLE,fast}} + E_{\text{coop,SR},r}^{\text{PLE,fast}} \tag{9-15}$$

使用式（9-11）（现在假设蜂窝空中接口处不存在空闲时间）、式（9-12）、式（9-13）、式（9-14），则协作移动云的总能耗变为

$$E_{\text{coop}}^{\text{PLE,fast}} = \underbrace{\frac{1}{J}t_c P_{\text{C},r}}_{t_{\text{c},r}} + \underbrace{0\,t_c P_{\text{C},i}}_{t_{\text{c},i}} + \underbrace{\frac{1}{JZ}t_c P_{\text{sr},s}}_{t_{\text{sr},s}} +$$

$$\underbrace{\frac{J-1}{JZ}t_c P_{\text{sr},r}}_{t_{\text{sr},r}} + \underbrace{\left(\frac{1}{J}+\frac{1}{Z}\right)t_c P_{\text{sr},i}}_{t_{\text{sr},i}} \tag{9-16}$$

在下一节中，我们研究短距离技术需要更多交换时间的情况。

2. 慢速短距离技术

在上一节的介绍中，我们假设短距离空中接口进行本地交换时的数据速率要比蜂窝空中接口下载某一块拼图的数据速率高，这就是 $\frac{1}{J} > \frac{1}{Z}$ 的情形。为了完整起见，我们这里给出 $\frac{1}{J} > \frac{1}{Z}$ 时的相关公式，如图 9-11 所示。正如我们从图 9-1 中看出的，在短距离通信阶段，不存在空闲时间（即 $E_{\text{coop,SR},i}^{\text{PLE,slow}} = 0$），因为蜂窝空中接口必须等待短距离空中接口完成其任务。但另一方面，现在必须将蜂窝空中接口上的空闲阶段考虑在内。

式（9-18）对短距离交换所需时间进行了计算。由于局部下载花费的时间较短，因而空闲时间可以按照式（9-17）进行计算。蜂窝空中接口上空闲阶段的时间等于 $(1/Z-1/J)\cdot t_c$，可以通过简单地将短距离空中接口上的活动时间减去蜂窝空中接口上接收活动得出这一结果，即

$$E_{\text{coop,C},i}^{\text{PLE,slow}} = (1/Z-1/J)\cdot t_c P_{\text{C},i} \tag{9-17}$$

$$T_{\text{coop}}^{\text{PLE,slow}} = \frac{1}{Z}t_c \tag{9-18}$$

$$E_{\text{coop}}^{\text{PLE}} = \underbrace{\frac{1}{J}t_c P_{\text{C},r}}_{t_{\text{c},r}} + \underbrace{\left(\frac{1}{Z}-\frac{1}{J}\right)t_c P_{\text{C},i}}_{t_{\text{c},i}} + \underbrace{\frac{1}{JZ}t_c P_{\text{sr},\text{tx}}}_{t_{\text{sr},\text{tx}}} +$$

$$\underbrace{\frac{J-1}{JZ}t_c P_{\text{sr},r}}_{t_{\text{sr},r}} + \underbrace{0\,t_c P_{\text{sr},i}}_{t_{\text{sr},i}} \tag{9-19}$$

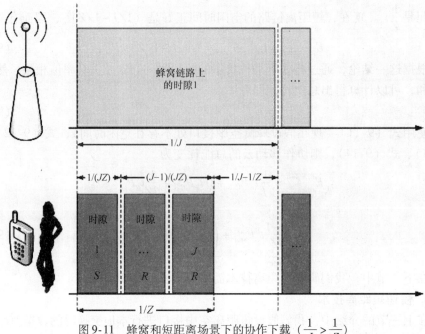

图9-11　蜂窝和短距离场景下的协作下载（$\frac{1}{J} > \frac{1}{Z}$）

图9-12 描述了归一化能耗与采用蜂窝和短距离技术的协作移动设备数之间的关系。由于云中包含 5 台协作设备，因而短距离链路上的空闲时间消失。只有当移动云中存在 8 台协作设备时，用于本地交换的能量才会大于蜂窝部分的能量。当移动云中存在若干台协作设备时，主要部分仍然是蜂窝空中接口。但是，我们不能将其视为一般性结论，这只是根据表 9-1 中所选参数得出的一种有趣的结果。

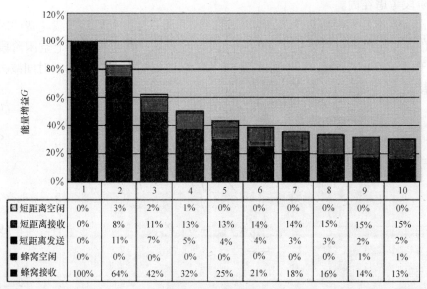

	1	2	3	4	5	6	7	8	9	10
□ 短距离空闲	0%	3%	2%	1%	0%	0%	0%	0%	0%	0%
▨ 短距离接收	0%	8%	11%	13%	13%	14%	14%	15%	15%	15%
■ 短距离发送	0%	11%	7%	5%	4%	4%	3%	3%	2%	2%
■ 蜂窝空闲	0%	0%	0%	0%	0%	0%	0%	1%	1%	1%
■ 蜂窝接收	100%	64%	42%	32%	25%	21%	18%	16%	14%	13%

图9-12　在并行本地交换（PLE）情形中，归一化能耗与协作移动设备数之间的关系

在图 9-13 和图 9-14 中，我们给出了蜂窝空中接口和短距离空中接口的归一化下载时间。需要注意的是，这两幅图显示的时间相同，但具有不同的活性水平。只要协作节点数小于 6，蜂窝空中接口就始终处于激活状态。当协作移动设备数小于 5 时，短距离空中接口处于部分失活状态。当协作移动设备数大于 4 时，短距离空中接口始终处于激活状态。这取决于表 9-1 中所选择的参数，且对于不同的技术组合来说，空中接口状态也是不同的。

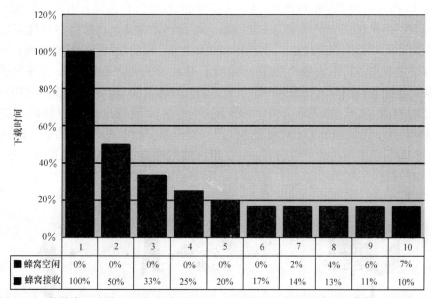

	1	2	3	4	5	6	7	8	9	10
■ 蜂窝空闲	0%	0%	0%	0%	0%	0%	2%	4%	6%	7%
■ 蜂窝接收	100%	50%	33%	25%	20%	17%	14%	13%	11%	10%

图 9-13 从蜂窝空中接口的角度来看，归一化下载时间与协作移动设备数之间的关系

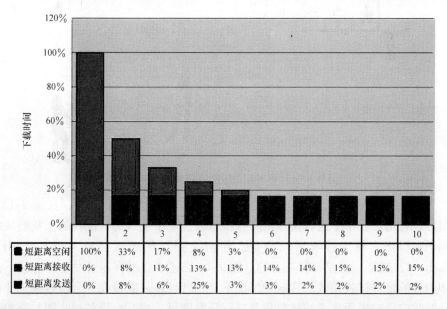

	1	2	3	4	5	6	7	8	9	10
■ 短距离空闲	100%	33%	17%	8%	3%	0%	0%	0%	0%	0%
■ 短距离接收	0%	8%	11%	13%	13%	14%	14%	15%	15%	15%
■ 短距离发送	0%	8%	6%	25%	3%	3%	2%	2%	2%	2%

图 9-14 从短距离空中接口的角度来看，归一化下载时间与协作移动设备数之间的关系

9.3 协作流媒体

在本节中，我们考虑一种流媒体场景。与先前研究的协作下载方法相比，覆盖网络传送由多个用户蜂窝消费的服务，而不仅仅是移动云的成员。例如，这可能是体育赛事的现场直播，独立用户以及不同成员规模的移动云对加入视频传输感兴趣。正如图 9-15 所示，覆盖网络将该服务以广播形式向蜂窝进行传输。为便于说明，我们假设覆盖网络正在将给定内容的 4 块发出。每台移动设备试图接收尽可能多的拼图块，但由于无线链路容易出错，可能既无法保证每台移动设备都会接收到所有块，又无法保证接收到的拼图块是无差错的。因此，移动云成员会互相帮助，来恢复丢失的拼图块。正如我们稍后将要看到的，本地差错恢复将帮助覆盖网络减少独立用户情形中需要增加的冗余。在第 5 章中，我们已经对这一问题进行了详细的讨论。在图 9-15 中，4 个用户经历了不同的丢包问题，但正如实例中所给出的那样，作为一个群体，移动云已经完整地接收信息，并使用该信息进行本地交换。在图 9-15 的实例中，3 个数据包在移动云内进行广播，以使得所有 4 个成员获得完整的信息。

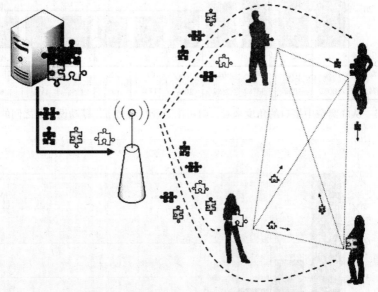

图 9-15　具有本地差错恢复功能的流媒体场景

为了提高节能潜力，我们可以大大减少接收设备数量。例如，在图 9-15 中，我们可以看出，若干个内容块是由多台设备通过空中接口进行接收的。我们从前面的例子中得出，减少接收活动数量，并切换到空闲模式甚至关闭整个 RF/BB（Baseband，基带）链是非常有益的。图 9-16 描述了在没有差错发生的情况下，流媒体内容的最佳接收模式。在这种情况下，每台设备只需接收一个内容块，并在稍后的时间内通过短距离无线接口将其进行分发即可。当某台设备接收到与云相关的信息时，其他成员将关闭覆盖接口或切换到空闲模式，以实现节能的目标。正如我们在下载场景中已经看到的，缺失的部分也可以通过短距离接口进行接收。在出现差错的情况下，可以增加监听某一内容块的设备数。这将是节能和时延之间的一种折衷。如果试图接收某一内容块的设备数过多，则可以确保该内容块位于簇内，但这将导致能耗增加。如果试图接收某一内容块的设备数过少，且没有一台设备得到该内容块，则覆盖网络必须进行重复传输，这反过来会增加时延。

$$E_{\text{coop}}^{\text{stream}} = \underbrace{\frac{1}{J} t_c P_{C,r}}_{t_{c,r}} + \underbrace{\left(1 - \frac{1}{J}\right) t_c P_{C,i}}_{t_{c,i}} + \underbrace{\frac{1}{JZ} t_c P_{sr,tx}}_{t_{sr,tx}} +$$

$$\underbrace{\frac{J-1}{JZ} t_c P_{sr,r}}_{t_{sr,r}} + \underbrace{\left(1 - \frac{1}{Z}\right) t_c P_{sr,i}}_{t_{sr,i}} \tag{9-20}$$

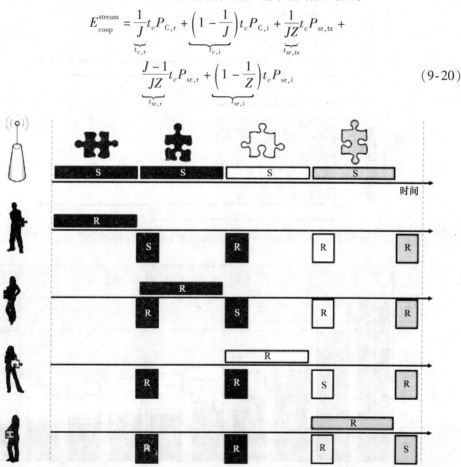

图 9-16 流媒体场景下移动云在节能方面的最佳接收模式

如图 9-16 所示，我们不能指望采取任何措施来加速数据接收进程，这会变得更加怪异，因为这些服务通常将现场事件以广播形式进行传输。因此，相对于移动云可采用加速机制的下载场景，这里我们将不会看到任何加速方案。为了推导出流媒体场景下的能耗，我们再仔细观察一下子图 9-17 中给出的活动图。在覆盖网络的空中接口上，我们拥有两个阶段。第 1 阶段是接收阶段，随后是第 2 阶段——空闲阶段。在包含 J 个协作伙伴的移动云中，某台移动设备的持续时间又是 $\frac{t}{J}$，其中

t 为独立用户所需的持续时间。下面，我们对整个时距图进行归一化处理，从而使得独立设备所需的持续时间变为 1。图 9-18 描绘了协作流媒体应用中作为移动云节点数函数的归一化能耗变化情况。

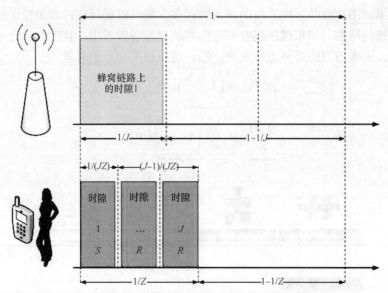

图 9-17　覆盖网络空中接口和短距离无线接口的活性结构

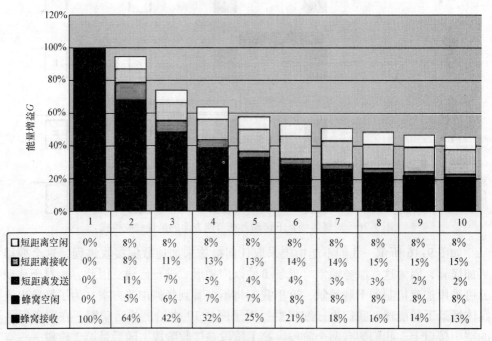

	1	2	3	4	5	6	7	8	9	10
□短距离空闲	0%	8%	8%	8%	8%	8%	8%	8%	8%	8%
▨短距离接收	0%	8%	11%	13%	13%	14%	14%	15%	15%	15%
▪短距离发送	0%	11%	7%	5%	4%	4%	3%	3%	2%	2%
■蜂窝空闲	0%	5%	6%	7%	7%	8%	8%	8%	8%	8%
■蜂窝接收	100%	64%	42%	32%	25%	21%	18%	16%	14%	13%

图 9-18　流媒体场景下的能耗与协作移动设备数，我们将能耗分解为蜂窝接收、
蜂窝空闲、短距离发送、短距离接收和短距离空闲（从底部到顶部）

9.4　不同方法之间的比较

　　在本节中，我们对 3 种方法进行比较。图 9-19 和图 9-20 分别描述了序贯协作下载、并行协作下载和流媒体方法中能量增益与下载时间的变化情况。至于能量增益，我们可以看出，两种协作下载方法的性能相差不大。

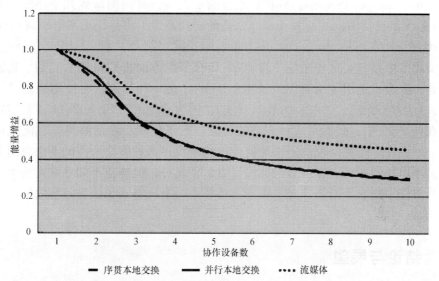

图 9-19　序贯本地交换（SLE）、并行本地交换（SLE）和流媒体方法能量增益方面的比较

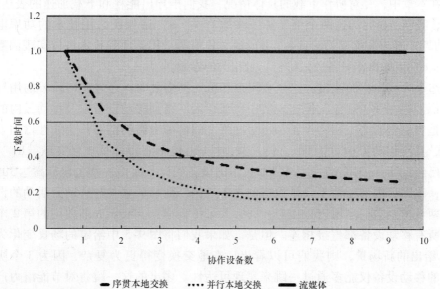

图 9-20　序贯本地交换（SLE）、并行本地交换（SLE）和流媒体方法下载时间方面的比较

有趣的是，我们注意到空中接口处于空闲状态时功耗的重要作用。如果空闲功耗为 0，则所有 3 种方法的能耗将是相同的。因此，空闲状态功耗水平对移动云内的协作通信以及与移动云进行的协作通信能耗影响最大。于是，无线芯片制造商不仅关注通过空中接口实现的数据速率，而且关注空中接口处于空闲状态时的功率电平。在早期针对手机设计的 Wi-Fi 芯片组中，在 Wi-Fi 上使用 IP 话音（Voice over Internet Protocol，VoIP）服务的手机运行时间剧减到几个小时，因为 Wi-Fi 芯片组在空闲模式下表现出非常高的功耗。为了将待机功率电平减小到 0，DVB-H（Digital Video Broadcasting-Handheld，数字视频广播-手持）[7] 能够在需要时关闭空中接口。这一功能使得 DVB-H 在节能方面表现得非常成功。遗憾的是，这一方法不适用于所有无线技术。DVB-H 是一种特例，它使用预定义接收模式，且不是为普通无线接入技术设计的，因为它是由 IEEE 802.11 工作组定义的。在图 9-20 中，我们对 3 种方法的时延进行了比较。显而易见，在流媒体情形下，不存在加速的问题。但对于协作下载来说，两种方法所需的下载时间都在缩短。不出我们所料，并行方法比序贯方法性能好，但增益不如序贯方法大，尤其是当协作用户数不断增加时。由于上述原因，下载时间无法进一步缩短，也不与 Z 值成反比。

9.5 结论与展望

在本章中，针对协作下载的具体情况，我们推导出能耗和下载加速的表达式。首先，我们所研究的这两个值与如下参数有关：a）诸如所采用技术的功率电平（即功耗）等与系统有关的参数；b）定义 Z 值所采用的两种技术可以实现的数据速率；c）诸如协作设备数量等与场景相关的参数。

迄今为止，我们假设无论是在用户和覆盖网络之间，还是在移动云的用户之间，都不存在丢包现象。但在现实中，从覆盖网络到移动设备以及移动云内的通信都是容易出错的。移动设备和覆盖网络之间容易出错的链路只会线性增加下载时间，且与移动云中可能出现的差错相比，丢包率有望降低。在文献 [8] 中，我们已经证明，采用 Wi-Fi Ad Hoc 技术的设备到设备通信，其丢包率高达 30%。但是，移动云内部通信不仅是设备到设备通信，而且一旦参与移动云活动的设备超过两台，则它们还可以采用广播的方式来传输信息。我们先前使用的第 2 个假设是所有移动设备都直接相连。但是，如果我们将图 9-5 中给定的场景变化为图 9-21 给出的新场景，则我们可以看出，本地交换变得更为复杂，因为 3 个协作伙伴的移动设备仅能多通过一跳来实现可达性。多出的这一跳将对节能潜力产生负面影响。如果将差错恢复机制考虑在内，则可对节能产生更为不利的影响。因此，实现这些额外成本最小化是非常重要的。通常，我们无法改善移动云内部的网络拓扑。

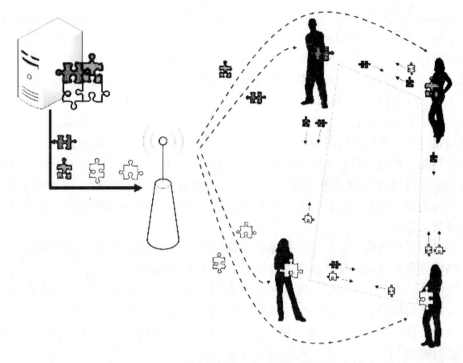

图 9-21　局部网状网中的信息本地交换

文献［9］介绍了一种引入自由度以改变网络拓扑的研究尝试，它通过在移动设备上采用波束形成策略来实现，但这些想法还远未在移动设备中实现，我们在这里提到这些思路只是出于完整性方面的考虑。如果用户之间不存在直接连接，则一种用于减少移动云内交换信息数量的有趣方式是研究不同的播种策略。迄今为止，我们为每台移动设备分配的数据量相同。基于给定的网络拓扑，为地理位置优越的节点分配更多信息是非常有用的。文献［10］对这些策略进行了讨论，我们推荐感兴趣的读者阅读这些研究成果。

对差错恢复最有力的改进是采用网络编码。正如我们在第 5 章中所看到的那样，网络编码能够改善覆盖网络和移动云之间以及移动云内部的通信质量。

9.6　网络运营商的能量增益

迄今为止，我们已经对移动设备的能量增益进行了研究。在事先阅读有关说明之后，现在我们应当明确为什么移动设备存在着能量增益。但真正的能源成本位于网络运营商处，于是问题出现了，网络运营商能否获得收益？

在文献［11］中，我们证明，对于诸如网络电视（Internet Protocol Television，IPTV）等组播服务，网络运营商能够减少无线传输次数。虽然无线传输次数并不会直接转化为能源成本，但是大家公认的事实是，较少的无线传输次数也会降低总能耗。但由于诸如制冷等额外费用，这种转化是非线性的。在论文中，我们已经给出了3种不同云设置的增益，即单一移动云、同构云和异构云。在第一种配置中，我们研究了单一移动云的能耗，由于上述原因，读者应当清楚单一移动云中存在着能量增益。虽然我们在蜂窝内拥有多个包含相同数量协作设备的移动云，但是它可以实现节能目标对于我们来说不足为奇。有趣的是，我们有多个包含不同数量协作设备和非协作设备（或者即使这些设备想参与协作，但不存在相应的物理手段）的移动云情形。即使在这种情况下，如果我们利用用户协作和网络编码，仍然可以实现能量增益。

不进行用户协作（与用于高效播种和交换的网络编码），这是最坏的情况，此时网络将分别针对每台移动设备进行处理，并合理高速能耗。使用移动云，网络只需要确保移动云得到了完整信息，即使每个用户并不拥有完整信息（但后来将会通过短距离通信得到）。简言之，从网络的角度来看，构建移动云会人为地降低接收器数量，且一些"婴儿啼哭"的情况无法通过网络来解决，但可以由移动云在内部进行解决。

支持网络运营商使用每个已构建的移动云来获取能量，从而实现市场的平滑渗透。从用户的角度来看，当首次协作建立时，就会出现能量增益问题。甚至于网络运营商都能看到此刻的收益。感兴趣的读者可以阅读文献［11］，以获取更多细节和精确的能量增益。

9.7 结论

在本章中，我们已经证明了不同移动云用例中移动设备的节能潜力。这些用例旨在实现多媒体内容的协作下载，包括非实时服务和实时服务。通常情况下，我们已经看出，对于采用最先进解决方案的移动云来说，其节能潜力非常显著。当移动云用户数比较少时，降低能耗已经是可行的。用户数量多，并不会依次导致附加收益，但可能会适得其反，因为它需要在协作伙伴之间传输更多的信令。如果移动云成员之间不存在直接连接，而是采用一种类似网状拓扑，则我们提出的机制仍然有效。在这种情况下，网络编码将有助于保持本地交换的低能耗。此外，我们简要讨论了网络运营商在蜂窝网络支持移动云通信的情形中的节能潜力。一个重要的事实是，通过使用第一批协作设备，即使当存在无法或拒绝参与协作的设备时，网络运营商也能实现节省能源的目标。

参 考 文 献

[1] F.H.P. Fitzek and M. Katz, editors. *Cooperation in Wireless Networks: Principles and Applications – Real Egoistic Behavior is to Cooperate!* ISBN 1-4020-4710-X. Springer, April 2006.

[2] F.H.P. Fitzek and M. Katz, editors. *Cognitive Wireless Networks: Concepts, Methodologies and Visions Inspiring the Age of Enlightenment of Wireless Communications.* ISBN 978-1-4020-5978-0. Springer, July 2007.

[3] Aalborg University Mobile Device Group. Energy measurements for mobile phones. http://mobiledevices. kom.aau.dk/research/energy_measurements_on_mobile_ phones/.

[4] G.P. Perrucci, F.H.P. Fitzek, G. Sasso, W. Kellerer and J. Widmer. On the Impact of 2G and 3G Network Usage for Mobile Phones' Battery Life. In *European Wireless 2009*, Aalborg, Denmark, May 2009.

[5] G.P. Perrucci, F.H.P. Fitzek and M.V. Petersen. *Heterogeneous Wireless Access Networks: Architectures and Protocols – Energy Saving Aspects for Mobile Device Exploiting Heterogeneous Wireless Networks*, ISBN 978-0-387-09776-3 10, pages 277–304. Springer, 2008.

[6] L. Militano, F.H.P. Fitzek, A. Iera and A. Molinaro. On the Beneficial Effects of Cooperative Wireless Peer to Peer Networking. In *Tyrrhenian International Workshop on Digital Communications 2007 (TIWDC 2007)*, Ischia Island, Naples, Italy, September 2007.

[7] E. De Diego Balaguer, F.H.P. Fitzek, O. Olsen and M. Gade. Performance Evaluation of Power Saving Strategies for DVB–H Services using adaptive MPE–FEC Decoding. In *16th International Symposium on Personal Indoor and Mobile Radio Communications (PIMRC 2005)*, Berlin, Germany, September 2005.

[8] J. Heide, M. Pedersen, F.H.P. Fitzek, T. Madsen and T. Larsen. Know Your Neighbour: Packet Loss Correlation in IEEE 802.11b/g Multicast. In *4th International Mobile Multimedia Communications Conference (MobiMedia 2008)*, Oulu, Finland, July 2008. ICTS/ACM.

[9] Chenguang Lu, F.H.P. Fitzek, P.C.F. Eggers, O.K. Jensen, G.F. Pedersen and T. Larsen. Terminal-Embedded Beamforming for Wireless Local Area Networks. *IEEE Wireless Communications*, 2007.

[10] L. Militano, F.H.P. Fitzek, A. Iera and A. Molinaro. Data Seeding in Nomadic Cooperative Groups. In *Sixth Workshop on multiMedia Applications over Wireless Networks (MediaWiN) in association with the Sixteenth IEEE Symposium on Computers and Communications (ISCC 2011)*, Kerkyra, Greece, 2011.

[11] J. Heide, F.H.P. Fitzek, M.V. Pedersen and M. Katz. Green Mobile Clouds: Network Coding and User Cooperation for Improved Energy Efficiency. In *IEEE International Conference on Cloud Networking (CLOUDNET)*, Paris, France, 2012.

[12] P. Karunakaran, H. Bagheri, M. Katz. Energy Efficient Multicast Data Delivery Using Cooperative Mobile Clouds, European Wireless Conference, Poznan, Poland, 2012.

第5部分

移动云的应用

第 10 章　移动云应用

我们都承认我们的理论很疯狂。但我们产生分歧的问题是它是否疯狂到了拥有转化为真理的概率。我自己的感觉是它还不够疯狂。

——尼尔斯·玻尔

在本章中，我们将对利用或支持移动云概念的若干种应用进行讨论。有些应用已经实现了商业化部署，而本章中所描述的其他应用仍处于实验室阶段。我们依据前面章节中介绍的架构类型和协作形式，对应用进行分组。

10.1　引言

如今，云概念非常受追捧，甚至移动云最近也引起人们越来越多的关注。移动云正在进入移动应用的市场。有些读者甚至可能使用过一种或多种移动云的商业实现形式，也许使用了诸如混搭或群体智能等不同的名称。几乎所有这些实现方案都是以移动应用的形式出现的，用户需要进行安装，极少数实现方案是以 Web 服务的形式出现的。对于用户来说，使用本机应用还是使用 Web 服务并不存在本质的区别。我们不进行详细介绍，Web 服务更容易部署，因为他们对平台的依赖性很小，但本机应用能够在编程和额外接入到被称为 API（应用编程接口）的编程接口方面提供更大的灵活性。后者需要接入到硬件传感器或短距离通信技术。随着 HTML（Hypertext Markup Language，超文本链接标识语言）标准的深入发展，这一情况可能会发生改变，但当前的 HTML5 版本在涉及到移动云实例时，仍然存在着一定的局限性。大多数移动应用也要求其他用户安装该应用，来为用户产生附加值，因为可用性会随着每个加入移动云的新用户数增加而提高。需要注意的是，一些协作方法不依赖于额外安装的移动应用，虽然移动用户仍然可以在不知晓的情况下为移动云做贡献。

在本章中，我们将详细介绍不同实现方案，并根据其架构和协作形式进行分类。参照第 2 章，移动云存在两种主要架构。在第 1 种架构中，移动用户通过覆盖网络相互连接，因而我们称之为覆盖移动云（Overlay Mobile Cloud，OMC）。为了将那些连接到同一服务的移动设备组织起来，可能存在一种专用云服务，用于管理设备及其资源。第 2 种结构不常见，因为它可能也包含了紧邻移动设备之间的直接连接，我们称之为短距离移动云（Short-Range Mobile Cloud，SRMC）。

第 8 章对协作形式进行了描述，方便起见，我们在这里只列举结果，即强制协作、技术支持协作、社会支持协作和利他主义协作。采用两种架构将这 4 种协作形式组合起来，会形成 8 种不同的解空间。我们注意到，分类并不总是那么清晰，有些用例可能会在多个协作领域发生重叠，但我们会将它列在我们认为是其协作主导领域的地方。

在表 10-1 中，我们列举了几种可能的架构类型和协作形式，连同简短说明和一些实例。下面，我们将介绍移动云的这些不同实现形式。在第 10.2 节到第 10.5 节中，我们将描述这些通信架构仅依赖于覆盖网络的情形。需要注意的是，这些实例有时与群体智能概念有关。本章的区别在于每个群体成员的协作动机。在第 10.6 节至第 10.9 节中，通信架构演进得更加高级，还包括了移动设备之间的直接通信。在第 10.2 节至第 10.9 节中，我们描述了 4 种不同的协作情形。

表 10-1 不同移动云实现方案的移动应用和实例

移动云类型	协作类型	工作原理	实例
覆盖移动云	强制协作	网络运营商、移动设备制造商和移动应用监控用户行为，以提供定制服务。用户通常不知道他们在为协作贡献力量，且几乎没有拒绝服务的可能性。例如，后台应用用于收集诸如蜂窝 ID、GPS 位置以及 Wi-Fi 热点的 SSID（Service Set Identifier，服务集标识）等移动用户信息	西班牙电信、苹果、谷歌
	技术支持协作	用户在他们连接到覆盖云服务的手机上安装一种额外的移动应用。对用户来说，使用这一工具拥有明显的优势，同时也有助于用户协作。这里，用户知道用户社区之间共享的数据，而且他们乐于这样做，因为存在明显收益	Waze 公司、TomTom 公司
	社会支持协作	用户正在为云服务做贡献，并在评论中得到认可，通过评论虚拟点数得到回报，提高电子声誉	[1，2]
	利他主义协作	用户不关心收益，无私地为云服务做贡献	[3，4]
短距离移动云	强制协作	移动设备被迫参与协作，实现系统增益或满足用户需求	控制你的设备，用户以协作方式使用其设备
	技术支持协作	用户与其他人共享其资源，且收益是即时可见的	CoopLoc 公司
	社会支持协作	用户与其他人共享自己的资源，并从这种互动中获得社会尊重和声誉	Gedda-Headz，InstaBridge，Open Garden
	利他主义协作	将某台移动设备的资源与其他人共享，不图任何回报。实例之一是 Joiku[5] 移动应用，它与本地连接设备共享覆盖网络的一条 IP 连接	Joiku

10. 2　　强制协作——覆盖网络

在这一节中，我们侧重于对移动用户只连接到覆盖网络的移动云进行介绍。虽然移动用户不一定安装移动应用，也不打算与任何人建立连接或进行协作，但是仍然存在众包信息被别人利用的情况。有人一直怀疑移动设备在用户没有意识到的情况下，在偷偷收集信息。但是，直到最近，新闻界才给出无可辩驳的证据证明这一现象确实已经发生。此外，一些网络运营商打算向第三方出售客户的匿名资料。读者可能会质疑这种做法的合法性，但我们不讨论它的伦理正当性，而只是将其标记为强制协作。下面，我们给出 3 个实例，第一个实例与网络运营商相关，第二个实例与移动设备制造商相关，最后一个实例与移动应用开发人员有关。我们根据其架构类型和协作方式对不同实例进行分组。

10. 2. 1　　由网络运营商提供的众包信息

最近，文献 [6] 宣称，网络运营商 Telefoniea 将提供第三方访问，用于分析匿名的位置数据。其他网络运营商已经宣布在不久的将来实施类似计划，不仅提供位置数据，而且提供汽车的速度信息。由于网络架构和协议的原因，网络运营商总是能够对手机进行定位，以支持警方追查犯罪嫌疑人或确定被盗手机的位置。在文献 [6] 中，计划将数据开放给第三方使用，以提供与用户移动性有关的信息。利用这些数据存在着诸多方法。举例来说，在整个城市中的有效广告投放。但当用户位置已知时，也可以对公共交通系统进行优化。如果大量用户位于某一特定区域，则需要为该区域分配更多的运输工具，反之，当给定时间内某些区域内的用户较少时，则可以减少分配给这些区域的公共运输车辆数量。在这种情况下，协作本身对用户是不可见的，但它们有利于创造一种有价值的服务——无论他们想还是不想。

10. 2. 2　　由制造商提供的众包信息

最近的其他倡议[7,8]将手机平台能够跟踪位置数据和其他用户敏感信息的计划，描述为手机制造商固件基本特征。而营销理念是让用户生活得更轻松，制造商的基本目标似乎是提高他们相对于竞争对手的功率。通过记录位置与情景信息（如在给定位置哪些 Wi-Fi 热点是可用的），制造商可以获得一张非常精确的 Wi-Fi 覆盖范围图。如果同一制造商还生产其他仅安装了 Wi-Fi 技术的平板电脑或阅读器，则这种方法是特别有趣的。于是，这些设备可以仅基于 Wi-Fi 热点的服务集标识符（SSID），而无需蜂窝标识或 GPS 信息，来获得位置信息。原则上，这是相当无害的，甚至表现为一种很好的互相帮助方式。但另一方面，存储在设备上的情景数据中还包含了 Wi-Fi 的登录凭据。由于这种情况发生时，没有征得移动用户的同意，我们再次将其称为强制协作。

10.2.3 由移动应用提供的众包信息

我们可以将上一个实例称为数据采集器的移动应用。过去出现了移动应用偷偷向集中式云存储器上传隐私数据的几种情况[9]。通过如此操作，开发人员将能够更多地了解用户，并对来自数百万用户的信息进行合并。新的货币是大数据，且该领域的大佬无疑是 Facebook。但其他诸如 LinkedIn、Twitter 和 Path 等公司也都在做类似的事情。显而易见，这些公司将强调大数据的威力，以使得我们的生活更加轻松，且通过协作，我们都在为这一成功作贡献，无论我们喜欢与否。在 Path 和其他公司的情形中，当它们偷偷查看用户的电话簿而没有将这一情况通知给用户时，用户很少抱怨数据被盗问题。接着可能出现的问题是，当社交网络已经拥有社交图时，为什么它们还对电话簿数据如此感兴趣？原因在于，用户的真实社交图不是由社交网络本身确定的，而是隐藏在电话簿中。Facebook 和其他公司提供的都只是"二流友谊"，真正的连接位于电话簿中。

10.3 技术支持协作——覆盖网络

在本节中，我们假设移动用户愿意参与协作，因为他们会因其协作贡献而得到收益，且正如前一小节所讲的，我们不会迫使用户做贡献。存在着诸多实例，但我们仅仅介绍文献［1，10，11］中提到的实例。由于手机的广泛应用，环境信息可能会成为众包信息。这意味着，移动设备生成的传感器数据会被转发到集中式云服务器上，供权威机构和其他移动用户使用。这种方法比大面积（如全市范围内）部署专用传感器更加节省成本。例如，移动应用 Waze[11] 使用手机的 GPS 数据来了解车辆的位置。用户将看到移动应用存在的一个明显好处，因为它提供地图材料和指向某个目标的路由方案，如图 10-1 所示。

所采集的信息（位置、速度、目的地）通过一个云解决方案在其他用户之间进行共享，以估计用户周围的交通状况。这意味着如果用户遇到交通堵塞，它会警告其他用户不要走这条路。所有其他用户将从这条信息中受益。从协作点的角度来看，这种方法是非常有趣的，因为用户在交通堵塞的收益被延迟。这意味着用户将在稍后某个时间点（例如，当他或她接收到特定交通状况的警告时）上，从她/他的协作中获得收益。众包交通管理具有诸多优势，因为它实时发生。它的缺点也是显而易见的，如果贡献车辆的密度低（交通信息可能变得过时）。因此，这种移动应用是基于尽可能多的司机尽参与该服务这一假设的。除了交通数据，其他诸如高速摄像头[1,2,11]和燃料价格[11]等信息可以在用户之间进行交换。此外，每个用户的路线有助于对地图材料进行维护，从而使其保持最新状态。在文献［10］中，

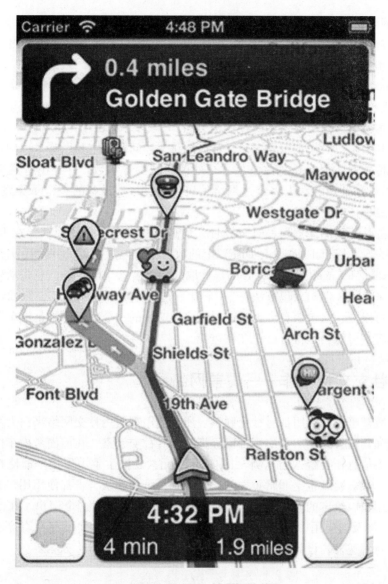

图 10-1 Waze 应用截屏

TomTom 对这一思路修正到自己的硬件和软件平台上。

目前，众包方法采集尽可能多的传感器数据。然而，针对大数据设计的这种方法具有一些缺点。虽然这些系统希望拥有更多用户，但是如果大量传感器节点都向移动云报告数据，并从移动云处接收处理后的数据，则系统将面临来自 3 个层面的挑战：

1）网络：无线链路上的带宽限制；

2）移动设备：与数据预处理相关的能耗、向移动云的感知速率和报告速率等方面的限制条件；

3）移动云：基于传感器测量值的，在系统时变状态下，处理和交换信息所需的计算复杂性。主要问题（同时也是机会）是不同移动节点的信息将存在冗余，因为在基本测量过程中数据之间存在相关性。

通过利用用户协作和网络编码，可以简化上述问题。主要思路是识别具有局部相关性的传感器数据，并对该信息进行处理（减少样本数，并导出有意义的统计数据）。这种预处理的数据将经过网络编码，通过移动设备的一个子集发送出去，以确保可靠地传输到移动云中。

有趣的是，我们注意到，时至今日，最高端的汽车仍在使用存储在 DVD（数字多功能光盘，Digital Versatile Disc）上的数据作为地图材料，并使用从交通信息频道（Traffic Message Channel，TMC）获取的覆盖信息。TMC 的信息是从外部传感器处进行采集的。但与众包方法[1,10,11]相比，这种方法不是实时的，因而往往存在着时延。可以说，众包信息今天没有得到广泛应用的一个关键原因是汽车制造商关心的是其客户可能会觉得自己正在被监控。

10.4　社交支持协作——覆盖网络

大多数基于云的应用都有社会联系。所有应用都使用社交网络来向大用户群来进行推销和营销，因而所有应用都已经拥有一些社交元素。在前面考虑车内用户就高速摄像头信息相互警告的实例[1,2]中，社交元素发挥了重大作用。即使在技术上是可用的，社会领域也是非常重要的。添加到系统的每次警告都使用用户名进行标记，其他用户因给定的警告（不管他们是否需要）而感谢这个用户。在诸如文献[10，11]涉及的应用中，添加到系统的数据和个人用户之间不存在直接链路，因为它是针对超速警告设计的。

10.5　利他主义——覆盖网络

在本节中，我们讨论基于利他主义为协作服务做贡献的移动应用。在文献[4]中，服务 QYPE 支持用户对位置、事件、食品和许多其他信息进行判断。每个用户投票支持他们获得的服务。在文献[3]中，Barcoo 公司推出了一款有趣的应用。用户通过向集中式服务器上传某些产品的营养信息来做贡献，而不期待因其工作得到任何回报。对于那些做事但不求回报的用户来说，他们的驱动力量是匿名帮助他人以获得个人满足感以及即使是小贡献也有助于构建一个更加美好世界的信念。因此，这里我们将这种行为称为利他主义。正如我们前面所说的，不同协作领域之间的特性并不总是清晰的，且为某一系统做贡献的用户坚信其他用户未来将会相互提供可能对他们有用的信息的事实也是存在争议的。

10.6 强制协作——直接移动云

现在，我们考虑由邻近移动设备构成、使用除现有覆盖通信链路之外的短距离链路进行相互通信的移动云。如果某个用户拥有多台移动设备，则用户可能希望以协作的方式使用这些设备，而不是每台设备独立使用。对于单台设备来说，无法对其收益进行优化，但可以对用户进行优化。因此，可以将设备之间的协作看做强制的。例如，用户可以使用他或她自己的移动设备与笔记本电脑建立连接，并最终连入互联网。笔记本电脑可以通过蓝牙或 Wi-Fi 连接到移动设备，而移动设备使用蜂窝连接访问互联网。这里，移动设备的蜂窝资源是与笔记本电脑进行共享的。而移动设备投资能源以支持笔记本电脑，对于笔记本电脑来说，收益是显而易见的。但当用户拥有两台设备时将建立协作。需要注意的是，在这种情况下，也可以将强制协作看做自主协作，其中设备建立协作旨在使其所有者从中受益。

文献 [12] 提出了另一种用于聚集资源的、非常有趣的解决方案，其中不同移动设备的多个显示屏汇集在一起。这些显示屏可能属于某个用户，也可能属于几个用户。如图 10-2 所示，设备只是随机放置或者旨在生成一个最佳显示屏（最有可能是采用 4∶3 或 16∶9 近似比例的矩形显示屏）。随后，发送设备（不包含那些用于形成显示屏的设备中间）将请求每部手机出示一个 QR（Quick Response，快速响应）码，如图 10-2 所示。QR 码有助于计算出手机的方向，并可以发送与屏幕尺寸及其连接方式的附加信息。然后，发送设备将制作一幅包含所有 QR 码的图片，并根据 QR 码的位置和尺寸，将图片的适当组成部分发送给移动设备。图 10-3 给出了由多部手机构成的类似拼图的图片。需要注意的是，这一实例似乎比仅仅在地面上随机放置移动设备的实例组织得更为严密，但用户往往趋向于构建一种矩形形式。

在这一点上，我们想转到第 3 章，以提供更多实例。除了这里所解释的将显示器进行组合之外，我们已经给出了共享扬声器（第 3.3 节）、共享传声器（第 3.4 节）或共享摄像头功能（第 3.5 节）的实例。在所有这些实例中，用户强迫移动设备参与协作，以获得更好的性能。我们还要强调，这些用例不只是概念，奥尔堡大学已经对其进行了实现。例如，他们已经实现了多部 iPod 的扬声器协同使用。在文献 [13，14] 中，一台移动设备向 16 部 iPod 传输视频和音频流，这些 iPod 能够在同等数量的显示屏和扬声器上同步播放内容。图 10-4 给出了该实验所采用的设置，而实现方案的视频片段在文献 [15] 中是可用的。

图 10-2   多台具有不同形状因子、以协作方式构建一个大显示屏的移动设备的定位情况，这些移动设备使用 QR 码，来协助检测位置和方向

图 10-3   协作显示屏的最终结果

图 10-4　16 部 iPod 播放器正在从某个媒体源接收内容，并进行同步播放[13]

10.7　技术支持协作——直接移动云

这里，我们描述了移动云将不断发展，因为每个用户将看到即时增益。我们在这里列举几个实例，因为这种形式的移动云是最有前途的移动云。

10.7.1　CoopLoc

2008 年，萨姆马尔科等人[16]提出了一个非常有趣的协同定位实例。主要思路是，在手机之间交换粗略定位估计值，来为每台设备提供更加准确的估计值。需要注意的是，此时 GPS 定位只是给出了手机生态系统的第一步。但 GPS 只有在室外环境才能发挥作用，且会大量消耗能源，耗尽手机电量，从而使其应用变得没有吸引力。协作定位的想法是在手机之间交换根据蜂窝 ID 估计出来的定位值。单台移动设备可以从它所连接的基站处获取蜂窝 ID，并从中得到其当前位置的粗略估计值。优点是该方法在室内也起作用，且相对于 GPS 方法来说，它消耗的能量更少。在这种情景下，谷歌同时推出了一种称为 My Location（我的位置）的应用，它利用单个蜂窝 ID 来显示移动用户在谷歌地图的大致位置。缺点是：与 GPS 相比，其估计值相当不准确。谷歌表示，My Location 的位置精度是 1000m 数量级。网络运营商拥有使用三角测量的机会，这样会用到来自它们自身多个基站的信息。这种方法是非常精确的，但只有移动网络运营商可以使用。一些运营商将这种方法作为一种获取手机定位信息的服务提供给用户。

从开发人员的角度来看，只有一个蜂窝 ID 是可用的，即使手机拥有其周围所有基站的信息。移动设备必须了解所有可用基站，以便为潜在的切换做准备。一名俄罗斯程序员开发的 Quick Hack（快速黑客）软件给大家演示了如何获取 Nokia

6600 设备的所有基站列表。拥有了蜂窝 ID 的全部列表，开发人员可以推出更为精确的定位信息，如图 10-5 所示。但是，这种方法相当复杂，并不适用于其他设备。

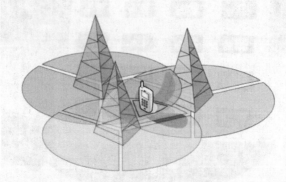

图 10-5　协同定位实例：CoopLoc

即使每台移动设备只有一个蜂窝 ID 是可用的，为了得到多个蜂窝 ID，协作定位也可以在紧邻移动设备之间进行定位信息的交换，然后通过将这些估计值合并成一个值，从而生成一个更加准确的估计值，如前所述，使用移动设备的编程 API，每台移动设备只能得到一个蜂窝 ID。本地交换可通过采用蓝牙技术来实现，但也可以采用诸如 Wi-Fi 等其他技术来完成。然而，蓝牙拥有几大优点。首先，设备必须是彼此靠近，以便于进行估计值的交换，因而这些移动设备大致处于相同的位置。Wi-Fi 的覆盖范围比蓝牙大，因而不太适用。此外，蓝牙拥有自己的服务发现协议，与蓝牙技术结合使用，会生成一种低能耗的解决方案。唯一的缺点是，蓝牙无法采用广播模式来实现估计值的本地交换。

为了验证该方法的有效性，丹麦奥尔堡大学开展了一次完整的测量活动。最初，他们使用 3 款拥有不同网络运营商（即 CBB、TDC 和 Telia 公司）的 SIM（Subscriber Identity Module，用户身份模块）卡的手机，来获取奥尔堡市中心每条街道的蜂窝 ID（见图 10-6）。为了获取蜂窝 ID，开发人员编写了一小段针对 Symbian（塞班）设备的 Python 脚本。脚本记录了使用 GPS 获取的位置信息，并得到了获取蜂窝 ID。测量活动在不同的日子和一天的不同时间点重复进行。3 大网络运营商的基站密度是不同的。它们将每个网络运营商的信息累积存储在一个数据库中（见图 10-6 右下部分）。

测量活动结束后，工作人员使用位于市中心随机选择地方的移动设备，通过报告其 GPS 位置和通过自己蜂窝 ID 得出的位置估计值，来对协同定位方法进行测试，之所以这么做，仅仅为了便于进行比较。然后，移动设备试图与尽可能多的邻近移动设备建立连接，且尽可能多地交换本地数据（见图 10-7a、图 10-7b、图 10-7c 和图 10-7d）。获取到的所有估计值被送回用于计算位置的服务器。我们在文献 [16] 中提到，以本地方式存储这些数据库是完全可能的。数据库以远程方

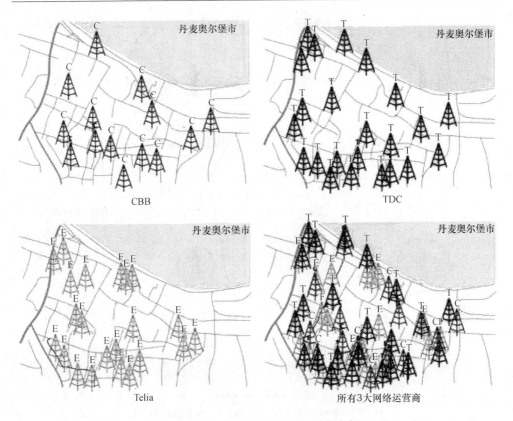

图 10-6 由 CoopLoc 生成的位置图实例

式存储，还是以本地方式存储，只会对能耗特性、位置信息获取速度产生影响，但对位置估计的准确性没有影响。图 10-7a 给出了包含 3 台移动设备的设置，其中一台设备负责回报 GPS 位置信息。图 10-7b、图 10-7c 和图 10-7d 分别给出了基于 1 个蜂窝 ID、2 个蜂窝 ID、3 个蜂窝 ID 进行估计时，移动设备的位置估计值。从图 10-7 可以看出，每增加一台移动设备，估计误差都大幅度减小。在表 10-2 中，给出了不确定性范围。这意味着，基于 1 个蜂窝 ID、2 个蜂窝 ID、3 个蜂窝 ID 得到的估计值，不确定性均值分别为 168m、121m 和 74m。

在这一点上，我们必须指出，这种设置对我们的场景有利，因为协作移动设备总是拥有不同的网络运营商。在现实场景中，它可能是一部手机请求另一部手机的位置估计值，二者网络运营商相同，因而潜在蜂窝 ID 也相同，所以这无益于提高精度。另外，手机信号发射塔共享的发展趋势也会对这种做法产生负面影响。不过，该项目的目标是通过在移动云内简单交换少量数据并显著改善现有服务，来显示协作的力量。

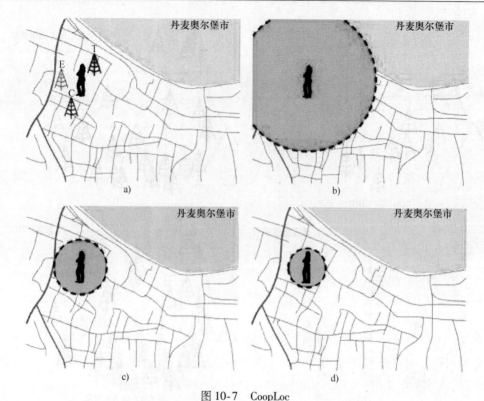

图 10-7　CoopLoc

a）基于 GPS 的估计区域　　b）基于 1 台设备的估计区域

c）基于 2 台设备的估计区域　　d）基于 3 台设备的估计区域

表 10-2　协作定位的估计误差

设备数	最小距离/m	平均距离/m	最大距离/m
1	4.89	168.62	668.86
2	3.80	121.21	660.24
3	5.29	74.46	243.64

注：与使用 GPS 获取位置信息的方法相比，给出的值对应于 Cooploc 方法假设用户所在的区域。因此，该区域越小，则估计值精度越高。

10.7.2　协作接入

在前面的章节中，我们已经提到协作接入的情形。这里，移动用户以协作方式共享其覆盖接入，以消费协作服务。在图 9-2 中，我们给出了主要的拓扑结构。据我们所知，目前使用协作接入的服务尚未实现商用化。但我们已经给出了协作下载[17]和协作网站浏览[18]的实现方案。两个用例之间的主要区别在于：协作下载为所有用户提供即时收益，而协作网站浏览需要几秒数量级的收益延迟。与第 10.8.1 节相比，协作接入不仅是在另一台移动设备上实现中继通信，而且所有参与设备都对同时使用诸如体育赛事的视频流媒体等服务感兴趣。换言之，每台设备将会立即获得收益（收益延迟只能是几秒钟）。

10.8 社交支持协作——直接移动云

10.8.1 共享互联网连接

在第 8 章中，我们已经讨论了用户之间共享互联网连接的实例。在图 8-3 中，我们演示了某个用户如何与其他用户共享互联网连接。可以利用诸如在 Facebook 上张贴消息等社交元素来感谢共享互联网连接的用户。文献［19，20］对利用共享互联网连接思路的首次尝试进行了讨论。

10.8.2 共享应用

与共享应用相关的概念和实施的举措尚未得到充分的开发，在这一充满希望的领域中，已经开展了一些活动。这里，我们将自身开展的用于实现移动游戏的工作称为 Gedda-Headz[21]。该游戏在两个玩家之间展开，无线通信采用蓝牙或互联网连接。对于所有移动应用，问题是如何病毒式分发给甚至不知道该内容的用户，因为这些用户可能不拥有互联网连接，或仅仅是偶尔上网。该游戏针对诺基亚的 S40 平台，且玩家主要是由亚洲大陆上的用户来重点代表。主要思路是支持已经上瘾的玩家将游戏传递给其朋友。所以，Gedda-Headz 社区会得到一条通知消息，内容是出现了一种名为 Gedda-Headz Spreader 的新游戏，且要求用户以设备到设备的方式来安装该应用。正如文献［22，23］中所解释的那样，一个有趣的问题是如何激励玩家进行病毒式分发。有几个人使用完 Spreader 游戏后，不计回报地进行了分发。可是一旦用户通过应用得到回报，则 Spreader 开始进入实际使用。与今天的大多数游戏和服务一样，如果用户相互对战打游戏，则 Gedda-Headz 提供用户能够获得的分数。然后，这些积分可用于在相关网页上购买真实商品。因此，显而易见，在 Spreader 游戏中以类似方式使用这些积分，并通过积分奖励每次安装。由于系统是知道谁在传播内容，因而系统也可以因其活动而奖励扩散者。这个简单的例子说明了在未来如何培育协作。如今仍然依赖于利他主义，且寄希望于协作是个好东西的所有服务，很快就会通过诸如在社交网站张贴消息等社交元素或诸如 Gedda-Headz[21] 等与特定应用相关的奖励来得到回报。

10.9 利他主义——直接移动云

这里，我们将对基于利他主义的移动设备之间的协作进行讨论。一个实例是与朋友共享互联网连接。目前，存在着能够实现这一用例的大量应用。在这一领域中，第一个玩家是移动应用 Joiku[5]。该应用的思路是与您的手机跨越一个 Wi-Fi

移动热点，并共享你的 IP 连接，该连接是通过蜂窝运营商与你的朋友建立的。在图 10-8 中，我们给出一个简单的实例。安娜的手机拥有一个使用 LTE 连接的 IP 连接。由于安娜的网络计划支持她通过支付固定费用来使用互联网，因而她愿意与劳拉和弗兰克共享 IP 连接。为了做到这一点，安娜打开一种跨越 Wi-Fi 移动热点的应用，并最终让她为其朋友配置接入凭据。如果安娜希望确保只有劳拉和弗兰克才能加入她的热点，则需要接入凭据。因为蹭网者会减少安娜朋友们之间的数据连接，甚至会耗尽安娜的电池。当劳拉和弗兰克建立连接后，所有传入和传出的流量都通过安娜进行中继。中继会消耗安娜设备上更多的能量，但她非常乐于牺牲奉献，以帮助她的朋友们，这是纯粹的利他主义。

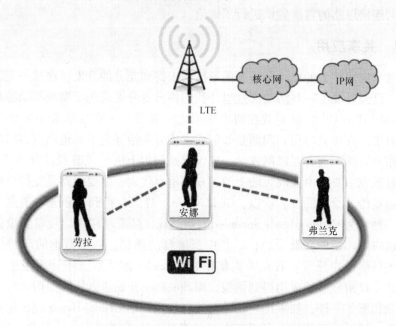

图 10-8　利他主义互联网共享实例

针对 Symbian（塞班）系统设备的第一个实现方案已经完成，且该服务可以用于诺基亚 Symbian Anna 和 Belle 系统的手机。主要思路是基于当时的高端手机具有板载 Wi-Fi 功能，且网络运营商可以为移动互联网连接向用户收取固定费用这一事实。Joiku 客户使用这一移动应用，来支持诸如笔记本电脑等自己的第 2 种设备（甚至是朋友的设备），来连接到他们的服务。尽管允许你的朋友连接会很快耗尽你的手机电池，可是利他主义为此类用户场景提供了驱动力。通过使用 Facebook 或 Twitter 登录以使得连接设置更为简单的方式，Joiku 对它们的服务进行了改进。这表明，该连接主要是为朋友提供的，以保持利他主义思想永生。在本书编写时，Instabridge[19] 和 Open Garden[20] 开始为 Android 用户提供同样的服务。虽然 Instabridge 背后的技术思路与 Joiku 是相同的，但是 Instabridge 更侧重于 Facebook 元素以便于推销，从这些实例中可以看出激励用户之间进行协作的方法。

10.10　业界活动

目前，业界已经开始一些进入移动云领域的尝试。诸如苹果和微软等业界大佬已经和仍然活跃在该领域的专利申报舞台上。文献［24］对移动设备协作和资源交换问题进行了描述。文献［25］探讨了使用辅助设备来授予接入权限的问题，而文献［26］则探讨了一种用于安装应用的设备到设备方法。对于所有这些专利，先前存在大量介绍文献，这里仅推荐我们在 2006 年和 2007 年出版的两本书[27,28]。然而，事实证明，在该领域中，还有许多感兴趣的关键公司在研究移动云的概念。

在过去几年里，高通推出了一种名为 AllJoyn[29] 的新型解决方案，作为支持 Ad Hoc、基于邻近度、无需使用中间服务器的设备到设备通信的对等网络技术。AllJoyn 是一种软件开发工具包（Software Developer Kit，SDK），它支持 Wi-Fi 以及蓝牙技术轻松建立邻近网络。网络拓扑结构是面向星形的，充分考虑了本地服务器的需要。这样，Wi-Fi 和蓝牙可以同时使用，且只可以采用单播通信。该解决方案是跨平台的，可用于移动应用开发。AllJoyn 为跨异构分布式移动通信系统的邻近组网提供支持，同时支持客户端-服务器和设备到设备的交互。该设计重点关注语言、平台和通信技术的独立性。它对 D 总线协议的扩展版本进行调整，以实现在分布式交互实体之间传播信息。文献［29］给出了针对游戏和工具应用的几个编程实例。即使第三方开发人员也可以使用 AllJoyn SDK 来生成新应用。

10.11　结论

在本章中，我们重点介绍了基于移动云的一些现有服务。在不久的将来，这些服务将不断演进，新的、更先进的服务将会不断涌现。

参 考 文 献

[1] blitzer.de. web site. http://www.blitzer.de/nutzer.

[2] Trapster. Speed Trap Sharing System. http://trapster.com/.

[3] Barcoo. barcoo keeps you and your friends informed – anywhere, anytime. http://www.barcoo.com.

[4] QYPE. Qype – find it! share it! http://www.qype.co.uk/.

[5] Joiku. Joiku web page. http://www.joiku.com, 2013.

[6] BBC News Technology. Telefonica hopes 'big data' arm will revive fortunes. http://www.bbc.co.uk/news/technology-19882647, October 2012.

[7] The Guardian – News – Technology. Android phones record user-locations according to research. http://www.guardian.co.uk/technology/2011/apr/21/android-phones-record- user-locations, April 2011.

[8] The Guardian – News – Technology. iPhone keeps record of everywhere you go. http://www.guardian.co.uk/technology/2011/apr/20/iphone-tracking-prompt s-privacy-fears, April 2011.

[9] The Guardian – News – Technology – Battle for the Internet. Big Data age puts privacy in question as information becomes currency. http://www.guardian.co.uk/technology/2012/apr/22/big-data-privacy-information-currency, April 2012.

[10] TomTom. TomTom HD Traffic. http://www.tomtom.com/en_gb/services/live/hd-traffic/#tab:tab3.

[11] Waze. Outsmarting traffic, together. http://www.waze.com/.

[12] R. Borovoy and B. Knep. Junkyard Jumbotron by MIT's Center for Future Civic Media. http://jumbotron.media.mit.edu/.

[13] P. Vingelmann, F.H.P. Fitzek, M.V. Pedersen, J. Heide and H. Charaf. Synchronized Multimedia Streaming on the iPhone Platform with Network Coding. *IEEE Communications Magazine - Consumer Communications and Networking Series*, June 2011.

[14] P. Vingelmann, F.H.P. Fitzek, M.V. Pedersen, J. Heide and H. Charaf. Synchronized Multimedia Streaming on the iPhone Platform with Network Coding. In *IEEE Consumer Communications and Networking Conference - Multimedia & Entertainment Networking and Services Track (CCNC)*, Las Vegas, NV, USA, January 2011.

[15] P. Vingelmann and F.H.P. Fitzek. 16 iPods. youtube, 2010.

[16] C. Sammarco, F.H.P. Fitzek, G.P. Perrucci, A. Iera and A. Molinaro. Localization Information Retrieval Exploiting Cooperation Among Mobile Devices. In *IEEE International Conference on Communications (ICC 2008) - CoCoNet Workshop*, May 2008.

[17] L. Militano, F.H.P. Fitzek, A. Iera and A. Molinaro. On the Beneficial Effects of Cooperative Wireless Peer to Peer Networking. In *Tyrrhenian International Workshop on Digital Communications 2007 (TIWDC 2007)*, Ischia Island, Naples, Italy, September 2007.

[18] G.P. Perrucci, F.H.P. Fitzek, Q. Zhang and M. Katz. Cooperative mobile web browsing. *EURASIP Journal on Wireless Communications and Networking*, 2009.

[19] Instabridge. Instabridge web page. http://www.instabridge.com, 2013.

[20] Open Garden. Open Garden web page. http://opengarden.com, 2013.

[21] Gedda–Headz. Gedda–Headz web page. http://www.geddaheadz.com.

[22] C. Varga, L. Blazovics, W. Bamford, P. Zanaty and F.H.P. Fitzek. Gedda–Headz: Social Mobile Networks. In *ACM MSWiM 2010*, Bodrum, Turkey, October 2010.

[23] C. Varga, L. Blazovics, H. Charaf and F.H.P. Fitzek. *Social Networks: Computational Aspects and Mining – User cooperation, virality and gaming in a social mobile network: the Gedda-Headz concept*, chapter 23, page 1. Springer, 2011.

[24] S. Li, Y. Zhang, G.B. Shen and Y. Li. Mobile Device Collaboration. Technical Report, United States Patent Application 20080216125, September 2008. http://www.freepatentsonline.com/y2008/0216125.html.

[25] D. Low, R. Huang, P. Mishra, G. Jain, J. Gosnell and J. Bushx. Group Formation Using Anonymous Broadcast Information. Technical Report, United States Patent Application 20100070758, March 2010. http://appft.uspto.gov/netacgi/nph-Parser?Sect1=PTO1&Sect2=HITOFF&d=PG0 1&p=1&u=%2Fnetahtml%2FPTO%2Fsrchnum.html&r=1&f=G&l=50&s1=%2220100070758%2 2.PGNR.&OS=DN/20100070758&RS=DN/20100070758.

[26] E.D. Steakley. Installing applications based on a Seed Application from a Separate Device. Technical Report, United States Patent Application 12/483,164, June 2009.

[27] F.H.P. Fitzek and M. Katz, editors. *Cooperation in Wireless Networks: Principles and Applications – Real Egoistic Behavior is to Cooperate!* ISBN 1-4020-4710-X. Springer, April 2006.

[28] F.H.P. Fitzek and M. Katz, editors. *Cognitive Wireless Networks: Concepts, Methodologies and Visions Inspiring the Age of Enlightenment of Wireless Communications.* ISBN 978-1-4020-5978-0. Springer, July 2007.

[29] Qualcomm. AllJoyn. http://www.alljoyn.org/.

第6部分
移动云展望和结论

第 11 章 愿景与展望

共享是个好东西，采用数字技术，共享极易实现。

——理查德·斯托曼

本章通过揭示未来可能的发展路径，提出了移动云技术的愿景和展望。我们首先介绍了大玩家对发展路径发挥的关键作用。此外，我们对支撑技术、支持技术和辅助技术进行了讨论。然后，探讨了针对移动云的新场景以及新型有前途的概念性应用。最后，本章前瞻性地提出了移动云如何变为通用的全球资源共享概念支撑技术之一，以及如何成为分享型经济（Shareconomy）的支撑平台。

11.1 关于移动云未来发展的见解

在本书中，我们已经描述和讨论了几种移动云的概念和具体决方案。人们可能会问：移动云解决方案如何找到走向真正实用世界的方式？何时才能找到走向真正实用世界的方式？谁是支持移动云技术实际发展和进一步传播的关键玩家？当前的技术已经提供用于切实实现移动云并利用分布式资源共享的基本构建块。现代移动设备拥有多种板载空中接口和日益强大的资源，所有这些资源能够以无线的方式进行共享。在大量其他物体（从家电和办公电器到手持设备和汽车）中，拥有智能、多元计算和传感资源以及通信能力也是一种越来越流行的趋势。在许多情况下，这些系统是非常灵活强大的，足以支持相当高级的移动云实现方案。最明显的实例是智能手机，它支持第三方应用的编程和运行。平板电脑以及最新的相机也都是具有强大处理和通信能力的便携式设备。文献［1-3］介绍了在商用移动设备上正在实现的移动云实例。工作于移动云或与其密切相关的概念的当前动议的其他实例包括Joiku[4]、Opengarden[5]、Instabridge[6]、Waze[7]和基于 FON 的 Wi-Fi 热点共享等。我们在第 10 章中已经对这些应用进行了讨论。

可以将上述动议仅看作是移动云技术的初始阶段。但需要注意的是，这些实例已经在商业移动设备上得以实现，且使用的是传统无线网络和移动网络。此外，要实现这些系统，甚至根本不需要改变标准。所需要的只是开发合适的应用，以实现我们所讨论的移动云所需的协作策略。支持高效丰富协作互动的新标准将激励人们开发更为复杂的移动云应用。我们已经见证了这一发展方向，LTE-A 中的设备到设备操作是最明显的实例。在本地数据交换中，支持网状拓扑和较高数据速率的网络架构，也支持移动云内资源的高效共享。现在，我们来讨论如何促进移动云的发展和进一步普及。为此，我们考虑与移动云相关的重要玩家的作用，以及这些玩家对其发展将产生怎样的影响。

　　应用开发人员：我们可以将这些人看做为移动云普及铺平道路的关键玩家。从根本上说，它是由具有创造性思维和创新应用的开发人员来为移动云设计具有吸引力的应用。将一种非常酷或实际有用的想法实现为一种有吸引力的应用不需要进行营销，它将采用病毒式传播最终变得广为流行，同时也加速了其他想法的开发进程。在游戏应用领域，这种发展模式是众所周知的，但它可以在其他应用领域轻易进行重复。由于应用编程接口（API）是可用的，因而对于开发人员来说，几乎不存在什么限制。唯一的威胁是，技术是不可访问或其访问受到限制的。应用开发场景中的大牌玩家宁愿为自己多保留一些灵活性。然而，从开发人员的角度来看，存在着既可工作于移动设备上，又可工作于网络云服务上的 API（见图 11-1）。为了寻找更为有效的移动云构建解决方案，网络上是非常可取的。

　　移动设备制造商：移动设备制造商的角色在设计移动设备来积极支持共享板载资源从而实现移动云的第一步上是非常重要的。这可以通过一个开放硬件平台使内部设备资源能够被访问来完成。板载资源中产生的信息可以轻而易举地在给定设备端口上使用，进而实现信息向云中其他设备的进一步传输。同样，资源也可以从移动云中其他设备处接收信息。访问内部设备资源（例如传感器的读数）正变得越来越多，特别是在先进的移动设备上。

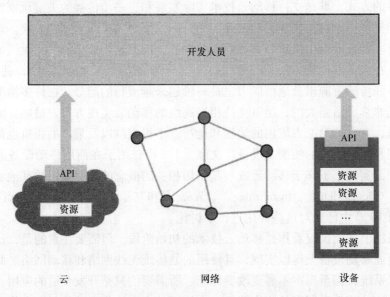

图 11-1　针对指向网络的 API 缺失的开发人员的 API 接入

　　基础设施制造商：由于既能以本地方式（即云内）对移动云进行管理，又能从基础设施方面（如基站）对移动云进行管理，因而对于后者的支持需要实现。

例如，这包括协助和管理移动云运行所需的某些功能，诸如我们在第 6 章中讨论的协同控制服务器。

网络运营商：从 Ad Hoc 组网的初级发展阶段开始，人们就针对网络运营商采用的对等通信的负面看法开展了广泛的讨论。时至今日，我们已经将其看作是一种过时的立场，因为网络运营商可以明显感觉到参与移动用户之间本地协作的诸多收益。协作内容分发和共享是网络运营商在利用诸如能源和频谱等基本无线资源方面，如何大大提高容量和效率的典型实例。即使像用户打开他或她的移动设备参与协作（如作为中继站）这样的简单实例也说明，通过参与协作，用户能够协助网络运营商提供更好的服务。网络运营商可以建立激励机制，鼓励用户进行协作，从而使用户和运营商自身从中受益。此外，可以从移动云的概念中创造新的商机。事实上，存在着诸多网络运营商参与资源共享和交换过程的情况。从时尚的角度来看，网络运营商（单独或与服务提供商一道）可以创建重点关注推广、建立、管理、保护、认证或注册资源共享活动的服务。关于图 11-1，我们再次强调的是，开发人员在网络方面缺乏对 API 的支持。例如，当前请求某个朋友的位置信息可以通过移动设备上的实现方案来完成，该方案由集中式云服务通过网络进行协调。然而，一条发送给网络运营商的简单直接的 API 请求，可以提供更加快速、经济高效的服务，并实现对资源更加有效的利用。

服务提供商：今天，服务提供商已经提供了用于构建移动云的解决方案。它们提供的解决方案是非常充分的，但在未来的几年里可能会有所改进。诸如亚马逊网络服务（Amazon Web Service，AWS）等大量 API 的配置是移动云服务的关键解决方案。

用户：从用户角度来看，期待与他人进行共享以支持移动云发展的真正意愿是最低的。今天，大量的协作倡议都已实现，并得到了广泛应用，尤其是通过互联网和通过利用社交网络的解决方案。人们参与协作和共享有一个明确的倾向，旨在实现个人和共同利益。这是一种实际上可供所有上述玩家利用的明显趋势。

我们可以预期，对分布式资源开放交换更加积极和广泛的支持，将促进移动云解决方案的广泛发展。

11.2　移动云及相关技术的发展

本节将讨论一些新概念以及与移动云相关的无线和移动通信领域当前的发展现状。我们确定了移动云和每项具体技术之间的关系和可能出现的协同，并进行了简要讨论。

11.2.1　物联网

物联网（Internet of Things，IoT）是实现世界范围内物体超连接的一种愿景。

实际上，人们可以通过唯一的地址对万事万物进行访问。我们假定物体具有一定的板载智能且可以进行联网。物联网对物体不做任何假设，物体可多可少、可大可小，可以是固定的、移动的或便携式的。此外，物体可以通过板载传感器和执行器与环境进行交互。通过板载 CPU 和内存，物体可以具备智能和处理能力，它们也具备无线连接能力。嵌入式功能的类型、复杂性和性能需求取决于物体/事物的类型以及所考虑的特定用途。从我们的角度来看，比物体能力更重要的是，我们能够以无缝的方式在全球范围内将这些物体集成到通信网络基础设施中去，互联网可作为连接所有这些物体的通信平台。实际上，访问任何物体都会为如何采用多种不同形式对这些物体进行管理、监视、控制或使用带来诸多新机遇。不用说，物联网具有对现代生活方方面面产生巨大影响的潜力：在家中、在单位、在工厂、在运输中和在物流产业。

IoT 定义了带有通信功能的节点，并将互联网的存在定义为一种管理通信的中央实体，这一事实在架构方面与移动云概念高度相似，其中无线节点之间彼此交互，它们也可以与中央实体、覆盖蜂窝或本地网络建立连接。在最简单的方法中，IoT 假定物体都能以集中方式连接到互联网。然而，从性能和能源效率的角度来看，形成包含通信支撑物体的协作簇是非常有益的。人们可能会认为其拥有物体/节点能够进行相互交流的分布式架构，而大量节点也可以通过覆盖网络连接到互联网上。正如本书所讨论的，从拓扑的角度来看，这只是遵循了移动云的定义。当将无线设备和物联网概念中的常规节点（即智能事物）进行比较时，显著区别在于节点的移动性和能力（通信、处理和电池能力）。一种可能的物联网方法是智能事物与移动云节点的交互。因此，移动设备（单独或作为移动云成员）可以机会式为信息充当网关或集线器，这些信息是由物联网节点产生的，或者将要发送至物联网节点。正如针对移动云的讨论结果那样，节点/物体上的传感元件或对于板上任何资源可用的情形，也都能够以同样方式进行共享。物联网概念中的节点通常是能量受限的，因为它们是由内部电池，通过能量采集或 RF 馈电环的方法进行供电的，这与 RFID 中的方法类似。根据第 9 章中所讨论的移动云策略，与非协作的情形相比，通过本地协作，节点具备使用低能耗建立连接的潜力。物联网的一个应用实例是提供大量指向物联网节点（只是物联网中的"物"）的连接。从节点/物体处获取海量信息或者将海量信息向节点/物体广播，都需要消耗大量资源。通过本地节点协作，在移动云中采用相同的方式，可以显著提高能量效率和频谱效率。

11.2.2 机器对机器通信

机器对机器（Machine to Machine，M2M）通信是指专注于为分布式节点和象征性的机器提供连接的技术。这些机器可以产生信息（如传感数据和状态信息）和接收信息（如在可控的情况下接收信息）。M2M 通信最简单的实例就是在节点和远程服务器之间交换信息的情形。家电向能量供应商/代理发送能耗报告，可以进行远程操作或配置的机器和能够发送遥测信息与状态信息的车辆都是 M2M 技术的实例。在物联网中，最简单的 M2M 情形就是提供点到点连接，但更高级拓扑的使用为开发新型服务、更加高效地利用资源铺平了道路。通常，我们假定 M2M 系统中的节点不受能量限制（即由高容量电池或连接到电力线进行供电），且板载处理能力和传感功能的变化范围较大。从移动性的角度来看，M2M 中的节点包括从固定节点到高速运动的节点（如汽车）。通常情况下，我们认为大量分布式节点需要进行连接，因而信息的高效传输是必需的。在需要关键控制和监测的某些场景中，需要利用冗余来可靠地将信息传送到接收端。节点协作，特别是移动云在节点和连通域都提供冗余这一事实，可以轻易用于创建替代或并行路径，以确保信息可靠传递。在 M2M 应用中，可以考虑另一种有趣的移动云方法，即将用户的移动设备作为集线器，来分别分发和采集发送给节点和来自于节点的信息。当这些集线器的移动性给定时，可以实现非时敏信息的分发，并当你通过时，遵循机会主义原则从 M2M 节点处采集信息，然后当信道条件有利时，将信息转发给目标服务器。在下行链路方向，反之亦然。

11.2.3　设备到设备技术

　　设备到设备（D2D）通信是 LTE-Advanced 中正在开发的一个概念，它支持移动设备之间使用蜂窝频谱的授权频段，围绕这一目标进行直接通信。D2D 背后的基本思路之一是在情况允许时，通过路由信息来降低基站的负荷。由于内容丰富的流量变得越来越流行，且社交网络往往会产生空间上相关的流量（如由附近对同一内容感兴趣的用户产生的流量），因而 D2D 技术对降低覆盖网络信息负载的影响可能会显著提高。针对本地 D2D 通信的频谱分配能够由基站以集中方式实现，且主要基于授权频谱的事实，确保了在多个 D2D 连接同步建立的本地环境中，可以较好地对干扰进行控制。由于 D2D 通信发生在短距离链路上，因而高数据吞吐量和短处理时延是可以预计的。通常，本书中的移动云通常假定可以采用正交的空中接口技术来实现，一种空中接口用于集中式接入，另外一种空中接口用于本地接入。然而，正如在第 4 章中所讨论的，我们可以采用诸如 LTE-A 中的 D2D 这一种技术来实现类似的方法。

　　在短距离内，D2D 可以在两个设备之间建立连接，但可以轻易地将该概念扩展到包含配置在一个相对较小区域的多台设备的情形。因此，原则上，可以使用授权频谱的合适频段，来构建多台设备组成的网络。OFDM 子载波非常适合完成此项任务，虽然面临的挑战是需要采取有效方式来分配频率。当节点处于移动状态时，这尤其重要，同样动态系统需要子载波分配频繁发生变化，从而产生可抑制的、过高的信令开销。虽然基站可以对子载波分配进行有效管理，以建立所需的设备到设备连接，但是采用混合模式来完成此项任务似乎更加合理。事实上，基站可以完成粗分配（如可以为给定设备组分配一个连续子载波频段），而由移动云动态变化导致的子载波分配变化可以在移动云中以本地方式进行管理。也可以采用这种方式建立几个邻居移动云，只是需要将分配给不同云的不同频段考虑在内。

11.3 移动云的潜在新应用

在本节中，我们简要列举了移动云的一些前景看好的应用。其中的一些应用今天已经存在，但只是相当原始的版本，其他应用目前尚未实现。

合并本地资源：处理能力、内存、传感器和执行器和空中接口能够以协作方式进行合并，以生成更加强大的功能，否则不可能使用每台设备的资源来获取所需的信息。可以通过构建一台功能强大的虚拟设备，并由移动云的一个、几个或所有用户使用，从而实现能力的增强（如合并了几个空中接口的虚拟移动设备，具有高等效数据吞吐量，CPU 能够联合起来计算给定的任务，团体游戏需要这种通用图形计算）。也可以将资源组合起来，以生成与能力线性增长不同的东西，如通过组合扬声器来创建 3D 音效，或者通过使用分布式传声器创建波束形成器实现定向语音采集。图 11-2 归纳了本地资源共享的概念，包括基于这些概念开发的典型共享方法、潜在应用和服务。

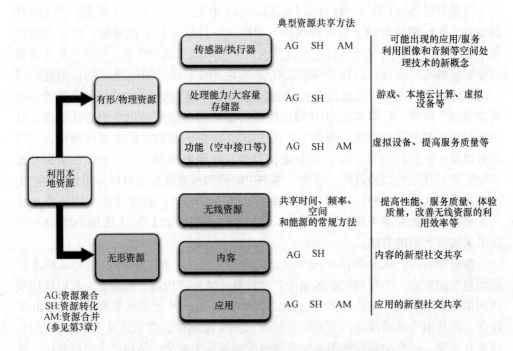

图 11-2 基于本地资源共享可能开发的应用和服务

海量传感：它也主要是指众包感知。用户以协作方式将其移动设备中板载传感器的测量值贡献出来。预计在未来会整合比今天还多的传感器，尤其会用到大量环境传感器（污染、花粉、辐射等）。一些传感器仅在特定事件发生后才会被激活，如当核事故（如来自于发电厂的放射性泄漏）发生时，将会用到辐射传感器。用户通过定期发送测量报告，或者根据网络运营商的请求发送测量报告，从而贡献一些能源和时间。所有测量结果可用于生成某些物理参数的二维实时分布图，这些图既可由权威机构使用，又可由公民使用。由于海量传感需要移动通信网络不中断地运行，因而将一些移动设备用作集线器是非常方便的，它们可以从附近设备处采集信息，并将该信息中继到相关的基站。图 11-3 说明了海量传感的概念。

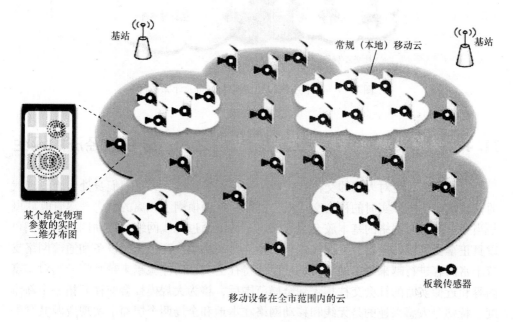

图 11-3　海量传感考虑到构建特定物理参数的实时二维分布图，
权威机构和公民可从中受益

协作内容分发或生成：移动用户可以集中力量，以接收类似内容（如视频流）或生成类似内容（如连接图像资源，从低分辨率传感器中共同生成高清视频）。

云对云通信：可以将移动云看作是大规模云平台（如云计算）和社交网络之间的天然接口。移动云可以在社交网络的一个或多个用户和云计算平台的多个节点之间，同时提供多条连接。这种冗余有助于提高社交网络和云计算平台之间的数据吞吐量和可靠性。图 11-4 演示了单个移动用户或多个移动用户、社交网络用户如何访问云计算平台。

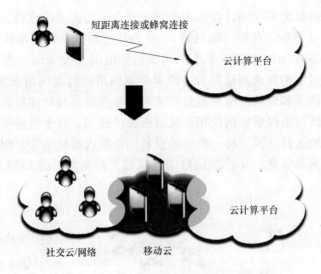

图 11-4　单个用户和社交网络访问云计算平台

11.4　资源共享成为社交互动的支柱之一：分享型经济的诞生

通信网络已经对人们的交往方式产生了深远的影响。无论人们身处何地，现代通信技术使得近似实时的社会交往成为可能，从而模糊了距离的概念。尽管互联网是当今全球社交网络的基本胶合因素，可是最终通过无线网络和移动网络，人们可以真正享受到泛在连接、无线连接、移动连接的感觉。高级无线设备和通信网络支持丰富内容进行越来越多的交换，从而使得社会交往的体验越来越真实。当对丰富内容和近似实时的社会交往扩大到全局范围后，将为大规模社会交往开拓一个新维度。特别令人感兴趣的是无线和移动网络在本地和全局两个层面上实现资源共享的可能性。随着快速、高效、无处不在的移动通信网络日益普及，整个社会具备超连接特性，因而可共享资源域是多维的。本书对可共享资源进行了讨论，尤其是移动设备板载可用资源：读者可参见第 2 章和第 3 章。这些仅代表了可共享资源的一种重要但特殊的组合，它们驻留在用户的移动设备上。人们可以将这些想法扩展到仅考虑可共享资源的大类。笼统地看，我们可以将可共享资源分为有形的共享资源和无形的共享资源，详细内容如下：

1. 无形的共享资源

信息资源：由用户及其设备存储或实时产生用户想要的任意信息，如任何类型的内容（音乐、文字、照片、电影、文档等）、驻留在用户设备上的应用，以及使用、访问或利用某物的权利。

社会资源：人们可以通过通信网络提供及与其他朋友共享任意类型的社会存在，包括聚会时间、支持、安全感或任何形式的创造、维持和加强社会价值的时域交往。

　　无线资源：诸如时间、空间、频率和能量/功率等公共资源。

　　知识资源：一个人可以与他人共享的、任意来源或形式的知识、技术诀窍、技能、经验、教育。

　　个人资源：可通过通信网络传播并最终与他人共享的主观条件和情绪。丰富细节信息的传输（即高清实时图像和声音、三维可视化）支持逼真显示某些个人感受。随着高级传感器和执行器的出现，共享其他人的感觉（如嗅觉及触觉）将成为现实，从而使得共享体验更加真实。

2. 有形的可共享资源

　　现实生活中的资源：真实的物理资源，实际上属于任何人的任意东西（如物体、书籍、食品、服装、家具、汽车、公寓等）。这里，我们指的是任何可以共享的东西，因而它们原则上可以是任何类型，只要用户拥有决定其使用的合法权利。

　　物理设备资源：正如我们在第 2 章中所讨论的，移动设备上可能存在的任意板载资源，且最终可以将其扩展到考虑嵌入到任意设备组成部分中的任何可共享资源。资源包括诸如图像传感器、环境传感器、键盘、传声器、位置和方向传感器等信息源（传感器）；诸如显示屏、扬声器、电控装置、光源等信息汇聚节点（执行器）；空中接口（如用于蜂窝通信和短程通信的空中接口、基于无线电和基于光学的空中接口）；处理能力（如 CPU、DSP）；大容量存储器（有源半导体存储器、硬盘等）；电池等。显而易见，这些资源无法以物理方式跨越移动云，因而这里的资源共享意味着要对来自于这些资源和指向这些资源的信号进行整体合并的能力。

　　一般来说，为了使某个给定用户、用户组或整个社交网络从中受益，可以对大多数资源进行交换、移动、合并和增强。如何利用这些资源取决于诸多因素，其中包括资源类型、协作目标、运行环境、用户之间的关系等。可共享资源意味着在最一般的情况下，资源可以进行交易，也就是说，在所有权之外，资源还拥有价值。这里，我们重点强调资源的社会价值，以及这些资产对另一个同行、用户组或大型社交网络的价值。显而易见，资源的价值可以用大量可能的数字（包括财务指标）来衡量。

　　如前所述，将资源共享的理念扩展到更大范围，会产生一个充满全新可能性的世界。可想而知，数十亿连接入网的人，无处不在且在不断移动，他们手中拥有功能强大的工具，移动设备支持用户与其他人在全球范围内实现近似实时的丰富交互。广泛联系的人们意味着与之相关的资源也被连接入网，然后创建一个巨大的资源交易平台。我们将这种趋势称为分享型经济。图 11-5 对分享型经济概念进行了诠释，它可作为全球资源共享平台，并由通信网络和服务社会网络提供支持。从长远来看，即使所有权的含义，也会受到分享型经济的挑战，因为共享某些资源而不是拥有它们可能会变得更具吸引力。虽然可以将商机生成看做分享型经济背后的主要驱动力，除了肯定支持分享型经济概念的货币价值之外。人们可能会由于其他原因而共享资源，其中包括纯粹利他主义、环境问题、分享的喜悦，从而获得信任或提高声誉以及其他收益。

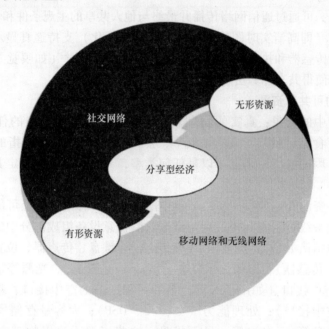

图 11-5　分享型经济：在通信支持的社交网络中，
这是资源共享的未来

交易、共享和交换资源一直是我们经济的基础。在我们的指尖上，通信网络（特别是移动网络）带来了几乎无限的商机，也就是说，在许多地域范围、局部区域或世界各地，资源可以立即进行共享和交易。在共享和交易资源时，利用广阔时间和空间域的能力是必不可少的，因为机会和商机可能会出现在任何时间、任何地点。移动和无线网络将有助于确定可共享的分布式资源，并支持其在多个方面的利用：共享、交换、移动、交易、组合等。网络将有助于为资源共享过程协助带来信任和安全。

有效地管理这些分散的资源并不是一项简单的任务。如果资源都在附近，则诸如我们针对移动云设计的集中式-分布式混合架构是行得通的。因此，资源可以进行本地连接，但连接和流量仍需要通过一个诸如基站的中心实体进行管理。如果资源分布在大区域内，则需要在各自的集中式接入网络和 IP（核心）网络上进行连接，从而导致某些应用的时延过度。

参 考 文 献

[1] P. Vingelmann, F.H.P. Fitzek, M.V. Pedersen, J. Heide and H. Charaf. Synchronized Multimedia Streaming on the iPhone Platform with Network Coding. *IEEE Communications Magazine – Consumer Communications and Networking Series*, June 2011.

[2] P. Vingelmann, F.H.P. Fitzek, M.V. Pedersen, J. Heide and H. Charaf. Synchronized Multimedia Streaming on the iPhone Platform with Network Coding. In *IEEE Consumer Communications and Networking Conference – Multimedia & Entertainment Networking and Services Track (CCNC)*, Las Vegas, NV, USA, January 2011.

[3] P. Vingelmann, M.V. Pedersen, F.H.P. Fitzek and J. Heide. Data Dissemination in the Wild: A Testbed for High-mobility MANETs. In *IEEE ICC 2012 – Ad-hoc and Sensor Networking Symposium*, June 2012.

[4] Joiku. Joiku web page. http://www.joiku.com, 2013.

[5] Open Garden. Open Garden web page. http://opengarden.com, 2013.

[6] Instabridge. Instabridge web page. http://www.instabridge.com, 2013.

[7] Waze. Outsmarting traffic, together. http://www.waze.com/.

附录 英文缩略语

1G	First Generation	第一代移动通信系统
2G	Second Generation	第二代移动通信系统
3D	Three Dimensions	三维
3G	Third Generation	第三代移动通信系统
3GPP	Third Generation Partnership Project	第三代协作项目
4G	Fourth Generation	第四代移动通信系统
8-PSK	8-Phase Shift Keying	八进制相移键控
AP	Access Point	接入点
API	Application Programming Interface	应用编程接口
ARQ	Automatic Repeat Request	自动请求重传
AWS	Amazon Web Service	亚马逊网络服务
BAN	Body Area Network	体域网
BB	Baseband	基带
BOM	Bill of Materials	物料清单
BS	Base Station	基站
C2C	Car to Car	车辆间通信
CCD	Charge Coupled Device	电荷耦合设备
CCS	Cooperative Control Server	专用协作控制服务器
CO_2	Carbon Dioxide	二氧化碳
CPU	Central Processing Unit	中央处理器
CS	Coding Scheme	编码方案
CSD	Circuit Switched Data	电路交换数据
CSMA/CA	Carrier Sense Multiple Access with Collision Avoidance	载波监听多点接入/冲突避免
CTS	Clear to Send	取消发送
CUHD	Cellular Uplink Hybrid Downlink	蜂窝上行链路混合下行链路
D2D	Device to Device	设备到设备
DCF	Distributed Coordination Function	分布式协调功能
DRM	Digital Rights Management	数字版权管理
DS	Direct Sequence Spreading	直接序列扩频

（续）

DSP	Digital Signal Processor	数字信号处理器
DVB-H	Digital Video Broadcasting-Handheld	数字视频广播-手持
DVD	Digital Versatile Disc	数字多功能光盘
DVS	Dynamic Voltage Scaling	动态电压调节
E-mail	Electronic Mail	电子邮件
EC2	Elastic Compute Cloud	弹性计算云
EDGE	Enhanced Data rates for Global Evolution	GSM 演进增强数据速率
EDR	Enhanced Data Rate	增强型数据速率
EGPRS	Enhanced General Packet Radio Service	增强型通用分组无线业务
FEC	Forward Error Correction	前向纠错
FH	Frequency Hopping	跳频
GMSK	Gaussian Minimum Shift Keying	高斯滤波最小频移键控
GPRS	General Packet Radio Service	通用分组无线业务
GPS	Global Positioning System	全球定位系统
GPU	Graph Processing Unit	图形处理器
GSM	Global System for Mobile Communication	全球移动通信系统
GSM	Group Special Mobile	移动特别小组
HD	High Definition	高清晰度
HDD	Hybrid Uplink and Downlink	混合上行链路和下行链路
HSCSD	High Speed Circuit Switched Data	高速电路交换数据
HSDPA	High Speed Downlink Packet Access	高速下行链路分组接入
HSPA	High Speed Packet Access	高速分组接入
HSPA+	Improved High Speed Packet Access	改进型高速分组接入
HTML	Hypertext Markup Language	超文本链接标识语言
HUCD	Hybrid Uplink Cellular Downlink	混合上行链路蜂窝下行链路
ICT	Information and Communication Technology	信息通信技术
IoT	Internet of Things	物联网
ID	Identity	标识
IP	Internet Protocol	互联网协议
IPTV	Internet Protocol Television	网络电视
IR	Infra-Red	红外
IrDA	Infrared Data Association	红外数据协会
ISM	Industrial Scientific Medical	工业、科学和医疗

ISO	International Organization for Standardization	国际标准化组织
ITU	International Telecommunications Union	国际电信联盟
LAN	Local Area Network	局域网
LED	Light Emitting Diode	发光二极管
LIPA	Local IP Access	本地 IP 接入
LTE	Long Term Evolution	长期演进
LTE-A	Long Term Evolution-Advanced	高级长期演进
M2M	Machine to Machine	机器对机器
MAC	Medium Access Control	媒体接入控制
MANET	Mobile Ad Hoc Network	移动 Ad Hoc 网络
MIMO	Multiple Input Multiple Output	多输入多输出
MIT	Massachusettes Institute of Technology	美国麻省理工学院
MPI	Multi-path Interference	多径干扰
MTU	Maximum Transmission Unit	最大传输单元
NBC	National Broadcasting Company	全国广播公司
NFC	Near Field Communication	近场通信
OFDM	Orthogonal Frequency Division Multiplexing	正交频分复用
OMC	Overlay Mobile Cloud	覆盖移动云
OSI	Open Systems Interconnection	开放系统互连
OTA	Over The Air	空中下载
PC	Personal Computer	个人计算机
PDA	Personal Digital Assistant	个人数字助理
PLE	Parallel Local Exchange	并行本地交换
QoE	Quality of Experience	体验质量
QoS	Quality of Service	服务质量
QR	Quick Response	快速响应
R&D	Research and Development	研发
RF	Radio Frequency	射频
RFID	Radio Frequency Identification	射频识别
RLNC	Random Linear Network Coding	随机线性网络编码
RTS	Ready to Send	准备发送
RU	Resource Usage	资源使用量
SDK	Software Developer Kit	软件开发工具包

（续）

SDR	Software Defined Radio	软件无线电
SIM	Subscriber Identity Module	用户身份模块
SLE	Sequential Local Exchange	序贯本地交换
SMS	Short Message Service	短消息服务
SNR	Signal to Noise Ratio	信噪比
SRMC	Short-Range Mobile Cloud	短距离移动云
SSID	Service Set Identifier	服务集标识
TDMA	Time Division Multiple Access	时分多址
TMC	Traffic Message Channel	交通信息频道
UDP	User Datagram Protocol	用户数据报协议
UMTS	Universal Mobile Telecommunications System	通用移动通信系统
USB	Universal Serial Bus	通用串行总线
UWB	Ultra Wide Band	超宽带
VLC	Visible Light Communication	可见光通信
VoIP	Voice over Internet Protocol	IP 话音
WBAN	Wireless Body Area Network	无线体域网
WCDMA	Wideband Code Division Multiple Access	宽带码分多址
Wi-Fi	Wireless Fidelity	无线保真
WiMAX	Worldwide Interoperability for Microwave Access	全球微波接入互操作性
WLAN	Wireless Local Area Network	无线局域网
WPAN	Wireless Personal Area Network	无线个域网
WSN	Wireless Sensor Network	无线传感器网络
WWAN	Wireless Wide Area Network	无线广域网
WWRF	Wireless World Research Forum	世界无线研究论坛
WWI	World War I	第一次世界大战
WWII	World War II	第二次世界大战
XOR	Exclusive OR	异或

图书在版编目（CIP）数据

移动云计算：无线、移动及社交网络中分布式资源的开发利用/（丹）菲特泽科（Fitzek，F. H. P），（芬）卡茨（Katz，M. D）编著；郎为民等译.—北京：机械工业出版社，2014.10

（国际信息工程先进技术译丛）

书名原文：Mobile clouds：exploiting distributed resources in wireless，mobile and social networks

ISBN 978-7-111-47741-9

Ⅰ. ①移… Ⅱ. ①菲…②卡…③郎… Ⅲ. ①云计算—研究 Ⅳ. ①TP393. 027

中国版本图书馆 CIP 数据核字（2014）第 192613 号

机械工业出版社（北京市百万庄大街22号　邮政编码100037）
策划编辑：张俊红　责任编辑：吕　潇
版式设计：霍永明　责任校对：佟瑞鑫
封面设计：马精明　责任印制：李　洋
北京市四季青双青印刷厂印刷
2014 年 10 月第 1 版第 1 次印刷
169mm×239mm・12 印张・231 千字
0 001－3 000 册
标准书号：ISBN 978-7-111-47741-9
定价：49.80 元

凡购本书，如有缺页、倒页、脱页，由本社发行部调换
电话服务　　　　　　　网络服务
社 服 务 中 心：(010)88361066　教材网：http://www. cmpedu. com
销 售 一 部：(010)68326294　机工官网：http://www. cmpbook. com
销 售 二 部：(010)88379649　机工官博：http://weibo. com/cmp1952
读者购书热线：(010)88379203　封面无防伪标均为盗版